系统分析与设计中的非功能需求

Non-functional Requirements in Systems Analysis and Design

[美] 凯文·麦格·亚当斯（Kevin MacG. Adams） 著

郝建平 叶 飞 王松山 李星新 顾亚娟 李 珂 译

于永利 王江山 赵征凡 审校

国防工业出版社

·北京·

著作权合同登记　图字：01-2022-4448 号

First published in English under the title
Non-functional Requirements in Systems Analysis and Design
by Kevin Adams

图书在版编目（CIP）数据

系统分析与设计中的非功能需求 /（美）凯文·麦格·亚当斯著；郝建平等译. -- 北京：国防工业出版社，2024.10. -- ISBN 978-7-118-13127-7

Ⅰ. TB472

中国国家版本馆 CIP 数据核字第 202429K6R5 号

※

国防工业出版社出版发行
（北京市海淀区紫竹院南路 23 号　邮政编码 100048）
北京虎彩文化传播有限公司印刷
新华书店经售

*

开本 710×1000　1/16　**印张** 14½　**字数** 240 千字
2024 年 10 月第 1 版第 1 次印刷　**印数** 1—1000 册　**定价** 118.00 元

（本书如有印装错误，我社负责调换）

国防书店：（010）88540777　　书店传真：（010）88540776
发行业务：（010）88540717　　发行传真：（010）88540762

译 者 序

质量存在于各行各业之中，也普遍存在于人们的日常生活之中。质量是国家竞争力的核心要素，也是强军建设的重要支撑。我们对质量的重视与强调从来没有像现在这么突出。

在装备领域，质量是指装备固有特性满足使用要求的程度，国内将装备固有特性分为功能特性和通用质量特性两部分。功能特性主要指装备的机动性、防护性及火力等方面的特性，反映了装备的固有能力或本领，有时亦称为专用质量特性或者战术技术性能；通用质量特性是指各类装备都具有的一些特性，主要指装备的可靠性、维修性、测试性、保障性、安全性、环境适应性、电磁兼容性等。当前，通用质量特性仍是装备建设中的一个薄弱环节，也是装备质量建设中逐渐加大投入的一个领域，聚集了一大批科研技术人员为之不懈努力。

国外也非常重视装备或产品质量，从需求角度将质量区分为功能需求和非功能需求。非功能需求与国内的通用质量特性比较接近，但范围要比后者更为广泛。

《系统分析与设计中的非功能需求》以美国产品制造面临竞争优势丢失、世界经济地位下降的趋势为背景，以重振本科生和研究生工程课程计划，提高产品设计系统工程能力为具体目标，对影响产品质量的重要因素，即产品非功能需求进行了全面的阐述。全书共分六部分，包括系统设计和非功能需求、保障考虑因素、设计考虑因素、应变考虑因素、生存力考虑因素、结论。各部分的阐述突出了基本概念、基本理解、工程应用能力、指标与评价等。需要强调的是，结论部分围绕如何提高大学的工程设计教学能力和效果，给出了简要但值得思考的见地。

本书是专门对非功能需求进行系统论述的著作，作者有30多年的工程、项目、维修管理实践经验，曾服务于政府、海军、私企等机构。书中没有高深的理论和模型，更多是体现一个工程实践者对非功能需求的理解和认识。引进翻译该著作，不仅有利于对通用质量特性内涵外延的丰富与发展，以适应不断发展的装备质量要求，也会对通用质量特性的工程实践以及教学、培训产生积极的作用。

本书由郝建平策划与组织翻译，其中郝建平翻译前言、第1章、第2章、第3章，王松山翻译第4章、第5章，叶飞翻译第6章、第7章、第8章，李星新翻译第9章、第10章，顾亚娟翻译第11章、第12章，郝建平和李珂翻译第13章，李珂负责图表的绘制，郝建平负责统稿，于永利、王江山、赵征凡对译稿进行了审校。在翻译过程中，对原著中的疑似问题做了标注和纠正。

对原著作者凯文·麦格·亚当斯表示感谢，正是其细致全面的工作，使得我们能拥有一部内容丰富、线索清晰、紧贴工程实际的通用质量特性参考书籍。

感谢装备科技译著出版基金的支持；感谢国防工业出版社编辑老师的倾力帮助和耐心指导，他们的严谨作风和工作热情令人钦佩，激励我们持续完善。

由于译者水平有限，书中错误和不当之处在所难免，恳请读者提出宝贵批评意见和建议。

译　者

2024年5月

致敬海军海曼·G. 里克弗（Hyman G. Rickover）上将、莱弗林·史密斯（Levering Smith）中将以及韦恩·梅耶（Wayne Meyer）少将，他们通过技术卓越和个人毅力克服了工程中的官僚作风，创造出了能够保证我们行动自由的复杂系统。

凯文·麦格·亚当斯
马里兰大学大学学院分校

前　言

20世纪末，美国企业和政府对丧失以前所具有的产品设计和制造优势表现出越来越多的担心。美国的产品制造商失去竞争优势的原因有很多，这种现状既威胁到美国人民的生活水平，也威胁到美国在更大的世界经济范围中的地位（Dertouzos et al.，1989）。

国家科学研究委员会的一份报告指出：工程设计是工业产品实现过程的重要组成部分。据估计，70%以上的产品寿命周期费用是在设计过程中确定的（NRC，1991，p. 1）。

工程界同意这一评估，指出美国公司的市场损失是由于设计缺陷而不是制造缺陷造成的（Dixon et al.，1990，p. 13）。为了改善这种状况，工程界和学术界均对制造和工程设计进行了各种研究（NRC，1985，1986，1991）。工程界发现，要适应全球经济带来的产品成本和效率，夺回世界制造业的领导地位，需要采取更具战略性的措施，同时也需要改进工程设计实践方法（Dixon et al.，1990，p. 9）。

美国企业的市场损失原因主要在于设计缺陷，而非制造缺陷（Dixon et al.，1990，p. 13）。工业部门采用的工程设计过程需要改进，但更为重要的是由学术界所倡导的设计理论和设计实施方法却停滞不前。美国工程界需要重新重视设计，并采用工程设计的新分支学科，这对学术课程中的设计活动规定了新的要求。国家工程技术认证机构增加了设计标准，并将其作为资质评估过程的一部分。美国本科生和研究生工程课程计划大力重振设计，再次强调和突出了设计在工程课程中的地位。本书立足于工程设计中的一个独特主题，从而填补现有工程文献的空白。

本书的主题，即系统分析与设计中的非功能需求，可对系统实现的工程活动提供支撑。迄今为止，非功能需求还只是在高度聚焦的工程分支学科（如可靠性、维修性、可用性、追溯性、测试性、生存性等）内有所涉及，还缺乏能促使在工程领域更大范围对非功能需求形成一个整体的、系统化的观点的资料或著述，而非功能需求往往会影响整个系统。对主要的非功能需求如何影响系统保障或维持、设计、适应性以及可行性等问题有一个基本的了解，将有助于填补现有工程文献的空白。

为了在工程设计过程中理解非功能需求，本书分为六个主要部分：系统设计和非功能需求、保障考虑因素、设计考虑因素、应变考虑因素、生存力考虑因素和结论。

第一部分的重点是如何进行有目的的系统设计，以及非功能需求应如何融入设计方法。第1章介绍工程系统设计，并回顾了各工程专业领域的工程师应如何负责开发复杂人造系统的设计，还讨论了系统化设计、设计活动相关学科的广度与深度、寿命周期模型的采用，以及系统设计过程的支持性方法。第2章介绍了工程设计，并解释了应如何适应更大的科学范式，包括良好工程设计方法所要求的理想特征和思维过程。本章包含了7个具有历史意义的设计方法的总体概述，最后对公理化设计作了更详细的介绍，并解释了为什么将公理化设计推荐作为工程系统设计的一种有效的基于系统的方法。第3章给出非功能需求的正式定义，以及在人造复杂系统工程设计中的作用，不仅涉及广泛的非功能需求，还介绍了部分用于描述非功能需求的分类法。为便于理解非功能需求及其在系统设计工作中的作用，本章最后给出了一个概念性的分类法或框架，将27个非功能需求分为四类关注或考虑因素：保障考虑因素、设计考虑因素、应变考虑因素以及生存力考虑因素。这四类关注也就是正文四个部分的标题。

第二部分讨论系统设计过程中的保障考虑因素，分两章阐述了五种非功能需求。第4章讨论非功能需求中的可靠性和维修性。可靠性部分回顾了基本理论、公式和概念，阐述了可靠性在工程设计中的应用，并解释了应如何将可靠性作为确定部件可靠性的一种技术，最后给出了可靠性指标与可测量特征。维修性部分定义了相关基本术语，说明维修性如何应用于工程设计，还引入了维修和保障，最后给出了维修性的指标和可测量特征。第5章讨论可用性、可操作性和测试性等非功能需求。可用性和可操作性部分的内容包括可用性的基本理论、公式及原理、可用性如何应用于工程设计以及可用性指标与可测量特征。测试性部分：讨论了应如何在工程设计中使用测试性，建立了与可用性的关系，并总结了测试性指标和可测量特性。总之，这部分内容主要定义了测试性，讨论了如何应用于工程设计，建立了与可用性的关系，最后给出了测试性指标及可测量特征。

第三部分讨论系统设计过程中的设计问题，分为3章，共涉及9种非功能需求。第6章讨论简洁性、模块化、简单性和追溯性非功能需求。简洁性部分阐述了基本术语、公式和原理，这是简洁性的应用基础，还提出了衡量和评估简洁性的指标。随后讨论了模块化的概念及其对系统设计的影响，介绍了现有文献关于模块化的度量、模块化指标的选择方法，并给出了与模块化指标和度量属性相关的结构图。简单性部分首先将其与复杂性进行了对比，回顾了复杂性的相关指标，给出了复杂性的可度量特征。本章最后讨论追溯性及其如何影响系统设计工作，并提出了评估系统设计中追溯性的指标。第 7 章讨论非功能需求中的兼容性、一致性及互操作性。首先回顾了兼容性的基本术语、公式及其应用的原理，分析了兼容性与标准之间的关系，提出了一种在系统设计中可用于兼容性评价的方法。其次讨论一致性的概念，以及一致性如何影响系统设计，并提出了一种基于需求验证、功能验证和设计验证活动的一致性度量方法。最后通过提供互操作性定义和模型来讨论互操作性，并提出了一种评估互操作性的正式方法。第 8 章讨论安全性，对机器时代的系统安全和系统时代的考虑因素进行了比较，提出了一种基于系统的安全性模型。最后将所提出的系统安全评估度量与指标进行了关联，并给出了一个系统安全性结构图。

第四部分讨论系统设计过程中的应变考虑因素，具体分为两章，涉及 9 种非功能需求。第 9 章讨论适应性、灵活性、可修改性、可伸缩性以及稳健性非功能需求。首先回顾了可变性的概念及其三个基本要素，提出了一种利用状态转移图来表示系统变化的方法；随后对适应性和灵活性进行定义，提出了区分这两种非功能需求的方法；然后给出了可修改性的定义，对其与可伸缩性和维修性的区别进行了讨论；再后定义了稳健性，分析了其对设计考虑因素的影响；最后定义了可变性的指标及其测量方法，它是本章所述四个非功能需求的函数。第 10 章论述可扩展性、可移植性、可重用性和自描述性非功能需求。首先分析可扩展性及其定义，以及作为目的性很强的一个系统设计考虑因素是如何实现的；其次对可移植性进行定义，讨论了将其确定为一种理想特征，设计人员要实现可移植性设计所必须考虑的有关四个因素；再次介绍可重用性的定义，解释了在系统设计中的作用，给出自上而下或自下而上的可重用性方法以及三项专门的技术，并推荐了能够支持系统设计实现可重用性的两种策略和十种启发式方法；最后通过强调与自描述能力相关问题类型来进行定义和讨论自描述性，针对用户–系统界面提出了 7 条设计原则，目的是减少错误并提高系统的自描述性。本章末尾定义了自适应问题的指标与测量方法，是可扩展性、可移植性、可重用性和自描述性的函数。

第五部分是关于系统设计过程中的生存力考虑因素，分两章阐述 8 种非功能需求。第 11 章讨论可理解性、易用性、鲁棒性和生存性非功能需求。前三种非功能需求在良好的系统设计需求中进行定义和定位；在定义第 4 种非功能需求，即生存性时，讨论了生存性设计要用到的17项设计原理；本章最后定义了衡量核心生存性问题的指标和方法，它是可理解性、易用性、鲁棒性和生存性的函数。第12章包括准确性、正确性、效率和完整性非功能需求。准确性部分给出了准确性定义以及与参考值、准确度、真实性相关的概念；正确性部分给出了明确定义，并说明了验证和确认活动如何提供评估机会来确保正确性，分析了支持系统开发的四条设计原则，这些原则能正确表示系统的特定需求；效率部分给出了明确的定义，并建立了系统效率的表征参数；完整性部分讨论了完整性及其在系统设计中作为非功能需求的应用原理，提出了33项安全设计原则以及开展其完整性系统设计时这些原则适用的寿命周期阶段；本章最后定义了衡量其他可行性问题的指标和度量方法，是准确性、正确性、效率和完整性的函数。

第六部分是结论，即第13章。结论首先回顾了20世纪80年代后期导致工程设计出现危机的环境，以及修订工程课程和认证标准的必要性；然后提出美国需要在本科和研究生工程培养计划中大力振兴设计，并重新强调设计在工程课程中的地位；最后回顾了本书提出的基本原理，以及在系统分析和设计工作中解决非功能需求的必要性。

本书供系统从业人员使用，也可供系统工程或系统设计专业研究生使用，阅读本书的基础是他们必须理解非功能需求作为设计过程的一个要素的必要性。由于不局限于相关学科的特点，本书同样适用于软件、机械或土木工程类的设计或需求课程。本书适用于传统的12周或14周课表，第一部分应按书中顺序开展教学，目的是提供适当的理论基础；第二部分至第五部分则可以按任意顺序开展教学，尽管并没有任何倾向，但最好按书中顺序展开课程。第13章的结论应紧接第一部分至第五部分的结论，建立在第4章至第12章所提供资料的基础上。

在完成本书学习之后，读者或学生应对复杂人造系统的非功能需求具有深入的理解。虽然本书论述了27项非功能需求，但作者认识到还有许多其他的非功能需求，并且在许多系统设计工作中可能需要解决此类需求。实际上，在理解本书27项非功能需求（即定义、设计应用、测度和评价）所使用方法的基础上，其他非功能需求可以按照类似方法予以解决。

最后再次声明，作者对本书中提出的思想、观点和概念负责。欢迎读者本着不断改进的精神，通过与作者沟通的方式提出宝贵的修改意见和建议。

参考文献

Dertouzos, M. L., Solow, R. M., & Lester, R. K. (1989). *Made in America: Regaining the Productive Edge*. Cambridge, MA: MIT Press.

Dixon, J. R., & Duffey, M. R. (1990). The neglect of engineering design. *California Management Review, 32*(2), 9–23.

NRC. (1985). *Engineering Education and Practice in the United States: Foundations of Our Techno-Economic Future*. Washington, DC: National Academies Press.

NRC. (1986). *Toward a New Era in U.S. Manufacturing: The Need for a National Vision*. Washington, DC: National Academies Press.

NRC. (1991). *Improving Engineering Design: Designing for Competitive Advantage*. Washington, DC: National Academy Press.

致　谢

我首先要感谢三位鼓舞人心的海军工程师，他们领导了20世纪最成功的海军工程项目，他们的遗志直接影响了我和我对工程的看法。

海军上将海曼·G. 里克弗（Hyman G. Rickover）（1900—1986），是核海军之父，他领导了一批工程师、科学家和技术人员，从1946年开始发展并维持了美国海军的核动力计划，直到他1983年退休，被公认为“他那个时代最著名、最有争议的海军上将”（Oliver，2014，p. 1）。里克弗上将的个人领导力、对细节的关注、谨慎的设计理念和紧密的监督计划确保了核海军直到今天都没有发生事故。我有幸在里克弗上将的核动力计划中担任过不同角色，包括士兵机械师助手、潜艇战军官、潜艇工程执勤官，时间超过了23年。里克弗上将的遗志在我们的工作中无处不在。继续保护这个国家的巨型水下舰艇，既是对他的才华的赞扬，也是对他面临巨大困难时坚韧毅力的敬意。

海军中将莱弗林·史密斯（Levering Smith）（1910—1993），曾担任“北极星”潜射弹道导弹计划的第一技术主管，该项目是“美国最令人信服和最有效的战略威慑武器系统”（Hawkins，1994，p. 216）。从1956年到1974年退休，他一直以这种身份服役。这段时间里，史密斯中将领导的团队构思和开发了北极星，将“北极星”力量转型为“波塞冬”，还领导了目前“三叉戟”弹道导弹系统的概念发展。海军战略系统计划的成就“可能为任何同样重要的国家努力设定了无法达到的标准”（Hawkins，1994，p. 215）。再次，我有幸在“北极星-波塞冬”潜艇服务了5年。史密斯中将的技术智慧在整个武器部门得到了体现，也落实在了为我们的行动提供保障的活动之中。

美国海军少将韦恩·梅耶（Wayne Meyer）（1926—2009），“宙斯盾”之父，从1970年到1983年，指导海军“宙斯盾”武器系统（舰队之盾）的开发和使用。梅耶少将改变了设计、建造和交付海军水面作战系统的方式。“宙斯盾”首舰“TICONDEROGA”及其作战系统是一个海军项目办公室（PMS 400）的产物，该办公室由海军少将韦恩·梅耶领导，负责设计、建造、部署和维护“宙斯盾”舰队。这个由单一部门全权负责的项目办公室的成立标志着海军采办水面作战舰艇的政策和组织发生巨大变化（Threston，2009b，

p. 109)。作为潜艇部队的一员，我个人并没有参与这个项目。然而，我的父亲是美国无线电公司（RCA）的高级经理，该公司是“宙斯盾”的主承包商。我上高中时，我父亲把我介绍给梅耶少将，我曾多次听到有关这位了不起的海军工程师如何改变海军采办水面战舰方式的故事。将军的“少量建造、少量试验、大量学习”方法在整个项目中获得采用，也在我自己的职业生涯中发挥了很好的作用。系统预算的使用是革命性的，“除了明显预算（如重量、空间、功率和冷却）外，还为系统差错、可靠性、维修性和可用性、系统反应时间、维修工时及其他诸多因素建立了预算”（Threston，2009a，p. 96）。我一直牢记系统预算（涵盖非功能需求）使用要有目的和积极效果，也在很大程度上影响了本书的构思和结构。

此外，我有机会为许多工程师和技术人员提供服务或与他们一起工作，就是他们在使用和维护里克弗、史密斯、梅耶所领导建造的系统。他们的付出使我懂得了使用和维护复杂系统中的诸多细节。特别感谢阿特·科林（Art Colling）、斯坦·汉德立（Stan Handley）、梅尔·索伦伯格（Mel Sollenberger）、约翰·阿尔蒙（John Almon）、布奇·迈耶（Butch Meier）、乔·尤尔索（Joe Yurso）、史蒂夫·克拉恩（Steve Krahn）、乔治·扬特（George Yount）、约翰·鲍恩（John Bowen）、文斯·阿尔巴诺（Vince Albano）及吉姆·邓恩（Jim Dunn）帮助我理解系统的工程活动。

感谢我在马里兰大学大学学院分校、威廉和玛丽学院、弗吉尼亚卫斯理学院及老道明大学任教时授课的学生：你们对知识的追求促使我不断更新和提高自己对工程的理解，这也是学习过程的一部分。

感谢我的父母，他们给予我的爱以及成长为一名工程师所需要的资源和基本技能。感谢我的孩子们，给了我许多挑战、快乐和惊喜。最后，感谢我的妻子，感谢在完成这本书的过程中以及人生旅程中她给予我的支持、陪伴和爱。

凯文·麦格·亚当斯

参考文献

Hawkins, W. M. (1994). Levering Smith. In S. Ostrach (Ed.), *Memorial Tributes* (Vol. 7, pp. 214–220). Washington, DC: National Academies Press.

Oliver, D. (2014). *Against the Tide: Rickover's Leadership Principles and the Rise of the Nuclear Navy*. Annapolis, MD: Naval Institute Press.

Threston, J. T. (2009a). The aegis weapons system: Part I. *Naval Engineers Journal, 121*(3), 85–108.

Threston, J. T. (2009b). The aegis weapons system: Part II. *Naval Engineers Journal, 121*(3), 109–132.

目　　录

第一部分　系统设计和非功能需求

第1章　工程系统设计概述

工程系统是由工程师设计出来、在现代社会中提供重要功能的人造系统。工程系统设计是一个规范的过程，需要调动技术和人这两类要素来给出系统蓝图，系统要能满足系统利益相关方的需求，同时还不损害环境或生物。工程设计（engineering design）是规范化过程与方法的一个术语，该过程与方法应用于从人造系统的创造到使用、报废和处置的整个寿命周期。

1.1　工程系统设计引言

本章标题中的“工程系统”一词可能令人费解。采用该术语的目的是为了说明工程领域中的一个新兴学科，其目的是寻求“在社会中实现重要功能的系统”（de Weck et al.，2011，p. xi）。该术语同时也描述了“分析和设计系统的新方式”（de Weck et al.，2011，p. xi）。工程系统这一新学科，通过使技术和技术系统与问题相关的组织、管理、政策、政治和人因等因素相互协调，来解决技术和技术系统，同时还要在不损害社会利益的情况下确保利益相关方的需求得到满足。有些人可能认识到此类挑战与诸如社会—技术系统、大型工程或宏观工程等术语密切相关。工程系统是一种与作者关于系统各类工作的整体世界观相一致的方法，该方法在处理系统、混沌和问题时应用了系统观（Hester et al.，2014）。

本章首先介绍工程系统设计，然后是各工程学科工程师应如何负责开发复杂人造系统的设计。内容涉及系统设计、与设计活动相关学科的广度和深度，以及在系统设计过程中应用寿命周期模型和支持过程。

本章的学习目标是要能够将工程设计和发明家、业余爱好者、企业家及普通人所进行的不够规范的小规模设计进行区分，这些人员往往将范围限制在单一聚焦的目的和目标上。本章的目的由以下几个方面支持：

(1) 描述工程相对科学的作用；

(2) 描述影响工程设计的学科；

(3) 辨识使设计成为一项系统性工作的要素；

(4) 描述系统寿命周期中的5个主要阶段；

(5) 理解系统设计阶段的技术过程。

实现上述目标需要通过阅读本章以下章节内容来实现。

1.2 工程设计

设计的定义：定义系统或组件的体系结构、构成、接口及其他特性的过程(IEEE et al.，2010，p.100)。

设计是发明家、爱好者、企业家和普通人都可以实现的过程。但是，如果设计过程应用于复杂的人造系统，则通常属于工程师和工程学科的范围。1978年诺贝尔奖获得者 Herbert A. Simon (1916—2001) 发表了其对工程师和设计的看法：工程关注的不是必然性而是偶然性，关注的不是如何建造而是应该是什么，简言之，工程关注的是设计 (Simon，1996，p.xii)。

因此，有必要对工程设计的某些定义进行分析。表1.1给出了工程设计的若干定义，在理解工程设计过程的独特性和重要性时值得考虑。

从表1.1中的定义可以清楚地看出，工程设计是一个创造性的、偶然的、解决问题的过程，其中包括产品实现所需的技术和社会要素。负责工程设计的人员是工程师。下面重点介绍设计中的工程师和工程。

表1.1 工程设计定义

定义	来源
工程设计是应用各种技术和科学原理的过程，目的是确定一个装置、一个过程或一个系统的具体细节，从而实现其物理特性	Baddour et al. (1961, p.647)
设计是一个综合了创造性思维、经验、直觉和定量分析的复杂过程	Ishii et al. (1988, p.53)
工程学校教授如何制造人造产品：如何制造具有所需特性的人造产品，以及应如何设计。工程学校以及建筑学、商学、教育学、法学和医学学校，都需要关注设计过程	Simon (1996, p.111)
作为产品实现过程中的关键技术要素，工程设计负责详细确定应如何按照有竞争力的价格来制造出能够满足客户性能和质量目标的产品	NRC (1991, p.10)

续表

定　　义	来　　源
工程设计既有技术成分，也有社会成分。技术成分包括工程科学、设计方法、工程模型、材料、制造和计算机等方面的有关知识。社会成分包括企业组织和文化、团队设计方法、设计任务和设计师的性质、客户属性和员工参与	NRC（1991，p. 10）
工程设计是一项不断发展的、解决问题的活动，包含许多不同且日趋先进的实践方法，具体包括将性能要求转化为产品特性的方法、计算机集成制造方法、跨职能团队方法、统计方法、产品竞争标杆确立方法、计算机化的设计技术、新材料和制造工艺等。世界上最具竞争力的公司不会独立应用这些方法，而是将其整合到一个统一的过程之中	NRC（1991，p. 10）
工程设计始终是一个偶然的过程，随着设计的发展，都会受到不可预见的复杂因素的影响。这一进程的确切结果不能从其最初目标推断出来。设计并不像某些教科书所说的那样，是一个可以用方框图概括的形式化有序过程	NRC（1994，p. 37）

1.3　工程师与工程设计

工程学是“将自然界中的物质特性和能源特性转变为对人类有用的结构、机器和产品的科学”（Parker，1994，p. ix）。伟大的航空工程先驱/加州理工学院喷气推进实验室联合创始人西奥多·冯·卡曼（Theodore von Kármán）（1881—1963）归纳指出：科学家试图了解什么是科学，工程师则试图创造从未有过的事物（Petroski，2010，p. 20）。

冯·卡曼简要总结了许多委员会、理事会和管理机构在工程定义方面所做的努力。“工程”一词的词根来自拉丁语 ingenium，意为天生的或自然的品质。工程有很多定义，其中一个较为全面和缜密的观点是由工程史学家（Kirby et al.，1990，p. 2）提出的：将科学和经验知识实际应用于设计、生产或完成各种对人类有用或有价值的建设项目、机器和材料的艺术。

工程有许多支撑要素。通常认为工程学属于三部曲之一，即纯科学、应用科学和工程学。需要强调的是，上述三部曲只是诸多三部曲之一，而工程学正好属于这部三部曲。第一是纯科学、应用科学和工程学。第二是经济理论、财务和工程学。第三是社会关系、劳资关系和工程学。许多工程问题与社会问题的联系，就像工程学与纯科学的联系一样密切（Cross，1952，p. 55）。

图 1.1 所示是三大三部曲中的工程要素。三大三部曲有助于表征为工程活动提供了背景的真实要素。工程学需要基于科学来设计、开发和实施解决方案，但解决方案存在于现实世界中，必然受到财政和社会约束的限制，因此要求工程师具备此类学科的扩展知识。Dixon（1966）在图 1.2 中给出了工程设

计中心活动的视角结构，将工程与艺术、科学、政治和生产等学科综合在了一起。

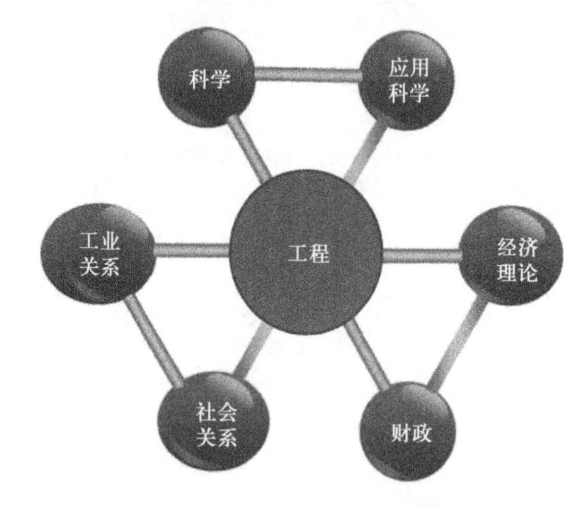

图 1.1　三大三部曲中的工程要素

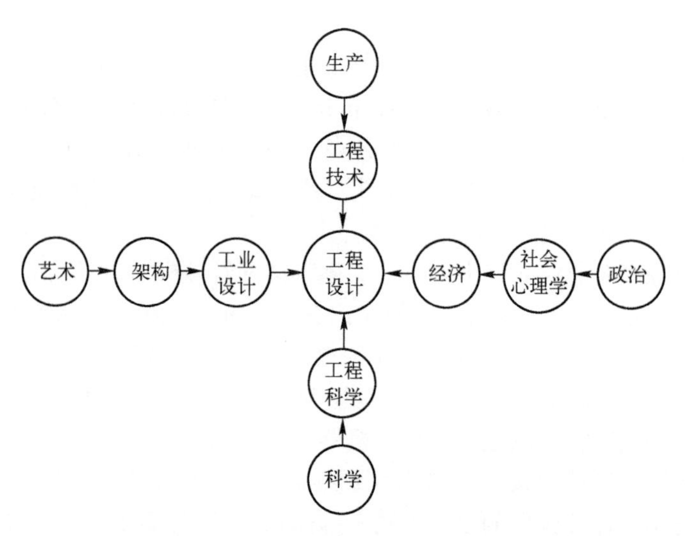

图 1.2　工程设计的中心活动（摘自 Dixon，1966，p. 8，Fig 1. 1）

Penny（1970）采用 Dixon（1966）的观点讨论了工程设计的原则，并以此作为讨论工程设计过程的起点。

我们给设计贴标签的过程随着建造规模更大、复杂程度更高的系统不断演变。可以利用一个非常简单的图来捕获工程设计的基本过程。图 1. 3 用 ICOM 图来描述工程设计。ICOM 是输入、控制、输出和机制的缩写（NIST，1993），可用于描述图 1. 3 中对系统或部件所执行的过程的功能。

对图 1.3 中的每个要素，表 1.2 从其他要素角度以及获得解决方案所采用的过程进行了描述。为了成功完成表 1.2 中的任务，工程师需要拥有相关专业知识、技能和能力（KSA）。必备的 KSA 可通过以下方式获得：本科工程课程的正规教育①；在经验丰富的工程师的监督下接受培训②。表 1.3 简要给出了成功实现工程所需的 KSA 及相关因素。

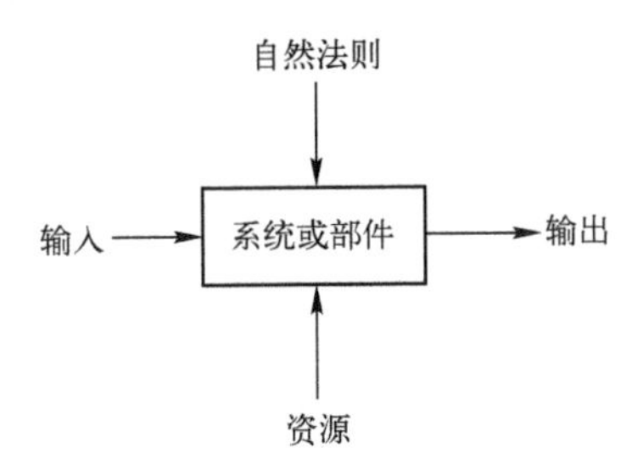

图 1.3　工程设计示意图（摘自 Dixon，1966，p. 12）

表 1.2　工程设计过程要素说明

给定要素	求解要素	过　程
输入、自然法则/规律、系统或部件	输出	分析（即演绎）
输出、自然法则/规律、系统或部件	输入	逆向分析（即逆向工程）
输入、输出、系统或部件	自然法则/规律	科学（即归纳法）
输入、输出、自然法则/规律	系统或部件	工程设计

在完成系统设计规范的过程中，工程所需 KSA 的应用是通过规范的设计方法来完成的。Bayazit（2004）历史性地综述了系统时代（Ackoff，1974）的设计方法研究，称这一有趣的领域为设计科学。

设计科学利用科学方法来分析技术系统的结构及其与环境的关系，目的是从系统要素及其关系中得出系统发展的规则（Pahl et al.，2011，p. 9）。

科学设计方法的具体化就是一种设计方法学，其定义为：创建设计的一种系统化方法，由一组特定工具、技术和指南的有序应用组成（IEEE et al.，2010，p. 102）。

---

① 美国的工程课程由工程技术认证委员会（Accreditation Board for Engineering and Technology，ABET）进行认证。

② 美国所有 50 个州都有认证计划，通过工程基础考试并处于实习期间，工程师可认定为培训工程师或工程实习生，注册工程师则认定为专业工程师（Professional Engineer）。

表 1.3 成功实现工程所需的知识、技能和能力

知识、技能和能力类型	要 素	定 义
知识——指与事实或程序相关的、组织好的信息体，如果适用，此类信息体应在工作中充分发挥作用（Chang et al., 2011, p. 238）	工程科学	全面了解工程科学专业并进行深度培训（Dixon, 1966, p. 13）
	制造工艺	了解并理解新旧制造工艺的潜力和局限性（Dixon, 1966, p. 13）
技能——指对数据或事物进行娴熟的动手、语言或心理操作。熟练操作的例子包括打字技能或操纵车辆的技能（Chang et al., 2011, p. 238）	工程	在工程科学专业实习期内熟练运用必要的知识和能力
能力——在当前时间执行可观察活动的才能或实力能力。这意味着，能力已经通过与该项工作所要求的类似活动或行动得到了证明，如计划和组织工作的能力（Chang et al., 2011, p. 238）	创造性	思考或发现有价值的、有用的想法或概念的能力（Dixon, 1966, p. 13）
	工程分析	运用工程学或科学原理分析给定部件、系统或过程，并迅速得出有意义答案的能力（Dixon, 1966, p. 13）
	跨学科重点	能够胜任且自信地处理自己专业以外学科的基本问题或想法的能力（Dixon, 1966, p. 13）
	计算数学	在适当时候将强大的数学和计算能力运用到一个问题上的能力（Dixon, 1966, p. 13）
	决策	在面对不确定性时做出决定的能力，但要充分掌握所有相关因素（Dixon, 1966, p. 13）
	沟通	以口头、图形和书面形式，清楚而有说服力地表达自己想法的能力（Dixon, 1966, p. 13）

值得注意的是，在设计方法学的定义中，"系统化"一词非常重要。系统化设计为理顺设计和生产过程提供了一种有效途径（Pahl et al., 2011, p. 9）。在为设计过程提出一个合理的方式方法时，设计方法学必须：

（1）能采用以问题为导向的方法，即无论涉及哪个专业领域，必须适用于各类设计活动；

（2）培养创造力和理解力，促进获得最佳解决方案；

（3）与其他学科的概念、方法和结论保持一致；

（4）不依靠偶然机会得出解决办法；

（5）促进已知解决方案在相关任务中的应用；

（6）与电子数据处理保持兼容；

（7）易教易学；

（8）能够反映认知心理学和现代管理科学的成果，即减少工作量、节省时间、防止人为差错，以及帮助保持积极的态度；

（9）在集成和跨学科的产品开发过程中，简化团队合作规划和管理；

（10）为产品开发团队的领导者提供指导（Pahl et al.，2011，p. 10）。

第 2 章将讨论工程设计中使用的部分方法。

1.4　系统寿命周期模型中的设计

最好将开发、运行并最终淘汰现代系统的过程描述为一个寿命周期。寿命周期是一个围绕系统的真实事件和过程的模型，具有能标志系统寿命周期重要点的不同阶段。为了描述围绕系统付出的努力，采用由工业、政府和学术界的利益相关方所制定的标准来描述寿命周期模型，这些标准由电气与电子工程师协会（IEEE）、国际标准化组织（ISO）和国际电工委员会（IEC）发布。用于人造系统寿命周期的标准是 IEEE 15288 和 ISO/IEC 15288：系统和软件工程——系统寿命周期过程（IEEE&ISO/IEC 2008）。IEEE 15288 的重要概念包括：

（1）每个系统都有一个寿命周期。寿命周期可以利用抽象的功能模型来进行描述，是对系统需求、实现、运用、演化及报废的概念化。

（2）阶段表示与系统相关的主要寿命周期，与系统描述或系统本身的状态有关。各阶段描述了系统在整个寿命周期中的主要进展和成就里程碑，形成了寿命周期的主要决策点（IEEE et al.，2008，p. 10）。

典型的系统寿命周期模型由表 1.4 所示的阶段和相关目标组成。

表 1.4　典型寿命周期模型阶段和目标

寿命周期阶段	目　标
概念	了解系统利益相关方的需求，探索概念，并制定可行的解决方案
设计	将利益相关方的需求转化为系统要求，创建解决方案描述，构建系统，以及验证和校验系统
生产	生产、检验和测试系统
使用和维修	使用和维修系统
退役和报废	更换并负责任地处理现有系统

系统寿命周期的设计阶段应利用 IEEE 15288—2008 中描述的诸多技术过程来实现设计目标。表 1.5 列出了为完成设计阶段而采用的技术过程和目的。IEEE 15288—2008 描述了每个技术过程的详细结果、相关活动和任务。

表 1.5　设计阶段技术过程和目的

技术过程	目　　的
利益相关方需求定义	定义对系统的需求，系统能在定义的环境中为用户和其他利益相关方提供所需服务（IEEE et al.，2008，p. 36）
需求分析	将利益相关方期望服务的需求驱动视图转换为能够提供此类服务的产品的技术视图（IEEE et al.，2008，p. 39）
架构设计	综合能满足系统需求的解决方案（IEEE et al.，2008，p. 40）
实现	实现规定的系统要素（IEEE et al.，2008，p. 43）
集成	组装集成系统，且与架构设计保持一致（IEEE et al.，2008，p. 44）
验证	确认系统满足规定的设计要求（IEEE et al.，2008，p. 45）
交付	在使用环境中建成并提供由利益相关方要求规定的服务能力（IEEE et al.，2008，p. 46）
验证	提供客观证据，证明按照利益相关方的要求在预期使用环境中使用时，系统实现了预定用途并提供了服务

1.5　本章小结

本章简要介绍了工程师，以及他们应如何通过规范化的设计方法将人类需求转化为复杂的人造系统，同时还对设计的系统性以及与设计活动相关学科的广度和深度进行了回顾，强调工程的系统性、寿命周期模型以及支持过程均属于工程设计的不可或缺要素。

下一章将讨论工程方法，这些方法可用于人造系统工程设计的可重复过程。

参考文献

Ackoff, R. L. (1974). The systems revolution. *Long Range Planning, 7*(6), 2–20.

Baddour, R. F., Holley, M. J., Koppen, O. C., Mann, R. W., Powell, S. C., Reintjes, J. F., et al. (1961). Report on engineering design. *Journal of Engineering Education, 51*(8), 645–661.

Bayazit, N. (2004). Investigating design: A review of forty years of design research. *Design Issues, 20*(1), 16–29.

Chang, H.-L., & Lin, J.-C. (2011). Factors that Impact the Performance of e-Health Service Delivery System. In: *Proceedings of the 2011 International Joint Conference on Service Sciences (IJCSS)* (pp. 237–241). Los Alamitos, CA: IEEE Computer Society.

Cross, H. (1952). *Engineers and Ivory Towers*. New York: McGraw-Hill.

de Weck, O. L., Roos, D., & Magee, C. L. (2011). *Engineering systems: Meeting human needs in a complex technological world*. Cambridge, MA: MIT Press.

Dixon, J. R. (1966). *Design engineering: Inventiveness, analysis, and decision making*. New York: McGraw Hill.

Ferguson, E. S. (1994). *Engineering and the Mind's Eye*. Cambridge, MA: MIT Press.

Hester, P. T., & Adams, K. M. (2014). *Systemic thinking—Fundamentals for understanding problems and messes*. New York: Springer.

IEEE, & ISO/IEC. (2008). *IEEE and ISO/IEC Standard 15288: Systems and software engineering —System life cycle processes*. New York and Geneva: Institute of Electrical and Electronics Engineers and the International Organization for Standardization and the International Electrotechnical Commission.

IEEE, & ISO/IEC. (2010). *IEEE and ISO/IEC Standard 24765: Systems and Software Engineering —Vocabulary*. New York and Geneva: Institute of Electrical and Electronics Engineers and the International Organization for Standardization and the International Electrotechnical Commission.

Ishii, K., Adler, R., & Barkan, P. (1988). Application of design compatibility analysis to simultaneous engineering. *Artificial Intelligence for Engineering Design, Analysis and Manufacturing, 2*(1), 53–65.

Kirby, R. S., Withington, S., Darling, A. B., & Kilgour, F. G. (1990). *Engineering in history*. Mineola, NY: Dover Publications.

NIST. (1993). *Integration Definition for Function Modeling (IDEF0) (FIPS Publication 183)*. Gaithersburg, MD: National Institute of Standards and Technology.

NRC. (1991). *Improving engineering design: Designing for competitive advantage*. Washington, DC: National Academy Press.

Pahl, G., Beitz, W., Feldhusen, J., & Grote, K.-H. (2011). *Engineering design: A systematic approach (K. Wallace & L. T. M. Blessing, trans)* (3rd ed.). Darmstadt: Springer.

Parker, S. (Ed.). (1994). *McGraw-Hill Dictionary of eEngineering*. New York: McGraw-Hill.

Penny, R. K. (1970). Principles of engineering design. *Postgraduate Medical Journal, 46*(536), 344–349.

Petroski, H. (2010). *The essential engineer: Why science alone will not solve our global problems*. New York: Alfred A. Knopf.

Simon, H. A. (1996). *The sciences of the artificial* (3rd ed.). Cambridge, MA: MIT Press.

第2章　设计方法学

工程设计是工程领域的一门正式学科。设计研究是其中的一门分支学科，需要采用独特的思维方式和应用许多具体的特征，以确保设计既具有可重复性，还能产生在一定服务时期的有用产品。设计方法学在科学方法的正式体系架构中具有明确的定位，其中，由特定的范式和哲学提供支持，同时作为更详细方法和技术的框架。现有许多独特的工程设计方法学、框架和模型已经发展到能为适用的设计过程、方法和技术提供所需的结构框架。公理化设计方法学为设计提供了一个基于系统的框架，能在定量分析的基础上对设计方案进行评价，从而消除对定性以及基于成本模型的需求。

2.1　设计方法学引言

本章介绍了诸多能为工程系统设计提供可重复过程的工程方法学。“工程系统”一词有两种用法：①作为名词，指在社会中实现重要功能的系统（de Weck et al.，2011，p. xi）；②作为动词，指分析和设计系统的新方法（de Weck et al.，2011，p. xi）。动词形式中，工程系统通过使技术和技术系统与问题相关的组织、管理、政策、政治和人因相协调来处理技术和技术系统，并使利益相关方的需求在不损害更大社会利益的情况下得到满足。为了实现可重复过程，工程系统的分析和设计工作需要规范化的方法，这些过程既可以使用获得验证的工程过程，也会涉及改进这些过程的工作。

2.2节讨论工程设计学科及其设计理论和设计方法的子学科，并回顾了支持工程设计工作的思维特征和思维方式。

2.3节定义了理论方法学在科学范式中的定位所需的术语。

2.4节给出了上述术语之间的正式层次关系。

2.5节介绍了七种具有历史意义的工程设计方法学，概述了每种方法学的基本原理，包括与每种模型相关的主要阶段和步骤，还为进一步研究每种方法提供了相关参考。

2.6节给出了实施工程技术过程的规范化方法，即公理化设计方法学，该方法在提供的框架下，可以通过系统设计中的设计参数和过程变量来满足系统的功能和非功能需求。

本章有具体的学习目标和相关能力。学习目标是能够识别和描述工程设计在科学范式中的地位以及进行工程设计工作的具体方法，具体由以下目标支持：

（1）将工程设计描述为一门学科；

（2）区分设计理论和设计方法学；

（3）描述工程设计的期望特征；

（4）描述设计的双钻石模型；

（5）构建一个包括范式、哲学、方法学、方法和技术的层次结构；

（6）能够区分历史上的七种设计方法学；

（7）描述公理化设计方法学的主要特征。

通过学习本章后续内容可实现上述目标能力。

2.2　工程设计学科概论

工程设计是工程领域中的一门学科。表2.1所示为涉及跨学科工程设计主题的学术刊物。

设计理论（或设计科学）和设计方法学代表了工程设计学科中的两门分支，都有自身独特的观点和研究方向。这两个主题领域的定义为：

（1）设计理论是描述性的，说明了设计是什么；

（2）设计方法是规定性的，表明了应如何进行设计（Evbuomwan et al.，1996，p.302）。

表2.1　工程设计学术期刊

期刊（ISSN）	说　明	出版时间/发行周期
工程设计学报（0954—4828）	关于改进工业设计过程/实践和创造先进工程产品的研究文章，以及关于设计原理的学术研究	1990年至今，4期/年
工程设计研究（0934—9839）	所有工程领域设计理论和方法的研究论文，主要集中在机械、土木、建筑和制造工程上	1989年至今，4期/年
设计问题（0747—9360）	研究设计历史、理论和评论。激发对设计文化和知识问题的探究	1984年至今，4期/年
设计研究（0142—694X）	通过比较所有应用领域，包括工程和产品设计、建筑和城市设计、计算机人造制品和系统设计，加深对设计过程的理解	1979年至今，6期/年

续表

期刊（ISSN）	说　明	出版时间/发行周期
机械设计学报（1050—0472）	为更广泛的设计领域提供学术、档案研究的平台，涵盖研究设计活动的各个方面，重点是设计综合	1978 年至今，12 期/年
研究设计学报（1784—3050）	跨学科期刊，通过对社会科学和设计学科的综合研究，强调人为因素是设计的中心问题	2001 年至今，4 期/年

本章聚焦设计方法学，即如何设计。更准确地说，一项具体的工程设计方法学是如何安排和执行系统寿命周期中设计阶段所涉及的技术过程的。表 2.2 给出（与表 1.5 重叠）了设计阶段所要求的每项技术过程的目的，详见 IEEE 15288—2008。

下面讨论设计方法学必须具备的特征与特性，目的是能够有效执行表 2.2 中的八个过程。

2.2.1　支持设计方法学的特征

自觉设计包含许多众所周知的活动，如决策、优化、建模、知识生产、原型设计、构思或评估。但不能将设计简化为其中任何一项活动或所有活动，如设计中要做出决策，但设计不仅仅是决策。因此，设计理论并不是对设计实践中所能发现的一切要素进行建模，其目标是精确解决典型活动之外的问题，这些问题伴随着设计构成活动，即决策、规范性模型、假设演绎模型等而存在。该目标提出的问题是：设计的核心现象是什么？设计是由新颖性、持续改进、创造力或想象力驱动的吗？(Le Masson et al.，2013，pp. 97-98)。

表 2.2　设计阶段中的技术过程和目的

技术过程	目　的
利益相关方需求定义	定义对系统的需求，系统能在定义的环境中为用户和其他利益相关方提供所需服务（IEEE et al.，2008，p. 36）
需求分析	将利益相关方期望服务的需求驱动视图转换为能够提供此类服务的产品的技术视图（IEEE et al.，2008，p. 39）
架构设计	综合能满足系统需求的解决方案（IEEE et al.，2008，p. 40）
实现	实现规定的系统要素（IEEE et al.，2008，p. 43）
集成	组装集成系统，且与架构设计保持一致（IEEE et al.，2008，p. 44）
验证	确认系统满足规定的设计要求（IEEE et al.，2008，p. 45）

续表

技术过程	目　　的
交付	在使用环境中建成能提供利益相关方要求规定的服务能力（IEEE et al.，2008，p. 46）
验证	提供客观证据，证明按照利益相关方的要求在预期使用环境中使用时，系统实现了预定用途并提供了服务

每种设计方法学都有许多特征（或特性），特征是每一项成功工程设计的显著要素特点。但大多数设计方法学并没有正式地阐述这些特征，这些特征成为设计方法学及参与设计的团队成员均没有以书面形式记录的要素。这些特征是各种工程设计方法学的基础，能够确保方法学高效益、高效率地执行设计阶段的八个技术过程。表2.3给出了支持设计方法学的十项特性（Evbuomwan et al.，1996）。

为了能在系统寿命周期中有效执行设计阶段的技术过程，表2.3中的所有特性都代表设计方法学中必须包含的独特方面，即事物多方面中的一面。每项特性的首字母组合起来形成缩略词ERICOIDITI，具体特性如图2.1所示。

表2.3　支持设计方法的理想特性

特　　点	说　　明
探索性	设计是一项规范的专业工作，需要特定的知识、技能和能力
合理性	设计是理性的，涉及逻辑推理、数学分析、计算机仿真、实验室实验和现场试验等
调查性	设计需要对利益相关方的需求和期望、可用的设计技术、以前的设计解决方案、过去设计失败和成功的要素进行调查
创造性	设计需要专业知识、创造力、记忆力、模式识别能力、事情解决方案扫描、横向思维、头脑风暴、类比等
机会性	设计团队应根据所呈现的情况使用自上而下和自下而上的方法
递增性	在设计过程中提出改进或细化，以实现改进设计
决策	设计需要价值判断。措施方案以及从竞争解决方案中进行选择的依据是系统利益相关方提供的经验和标准
迭代性	设计应采取迭代方式。根据功能和非功能需求、约束和成本等要素，对设计要素进行分析。此类修订应以经验和反馈机制为基础
跨学科	工程系统设计需要跨学科团队
交互性	设计应采取交互方式，设计团队是实际设计中不可或缺的一部分

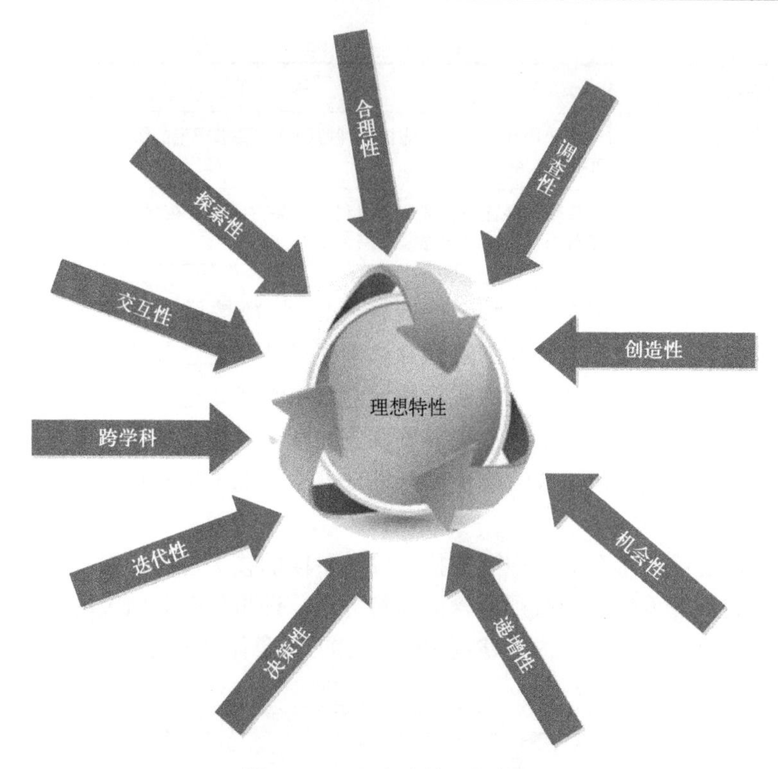

图 2.1 工程方法的理想特性

2.2.2 节将讨论在设计方法学执行期间采用的思维类型。

2.2.2 设计方法学中的思维

在设计方法学的执行过程中，设计团队采用不同的思维模式。特定类型的思维是方法学中的实施点以及所采用的独特过程的函数。在大多数方法学中，存在着两种主要的思维模式，即发散和收敛。这两种思维模式是相互联系并且相互补充的，发散和收敛的顺序可由图 2.2 所示的双钻石模型（Norman, 2013）表示。

双钻石模型背后的理念是，在构思设计想法时，第一个行动是扩展团队思维（发散），让团队去研究与设计想法相关的所有问题。在所有与设计想法相关的理念浮出水面并完成调查之后，团队就可以在设计应该做什么的基础上集中他们的思想（收敛）。在团队决定了设计应该完成什么之后，团队必须再次扩展思维（发散），对系统所有可能解决方案的替代方案进行研究。最后，在确定并研究了所有备选解决方案之后，团队就可以将精力集中在一个令人满意的解决方案上。

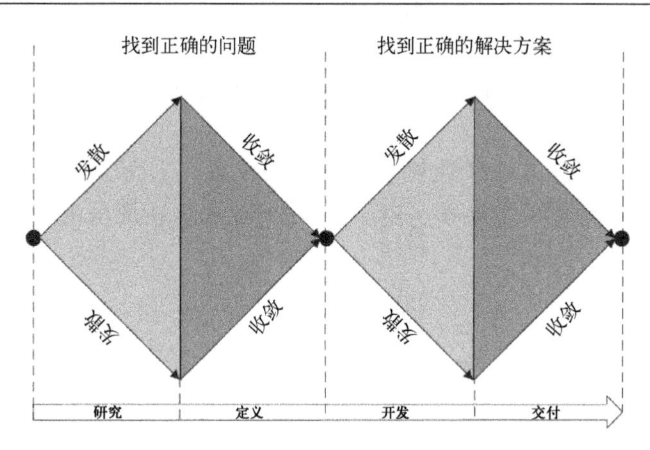

图 2.2　设计的双钻石模型

2.2.3　支持所有工程设计方法学的思维和特性综合

为了取得成功，在设计工作所采用设计方法学的技术过程执行中，作为惯例，设计团队必须同时采用理想特性和两种思维模式。技术过程所需思维模式、每种思维模式所需特性的应用能力为设计工作提供了坚实的框架。图 2.3 描述了对所有工程设计方法学提供支持的思维和理想特性的综合。

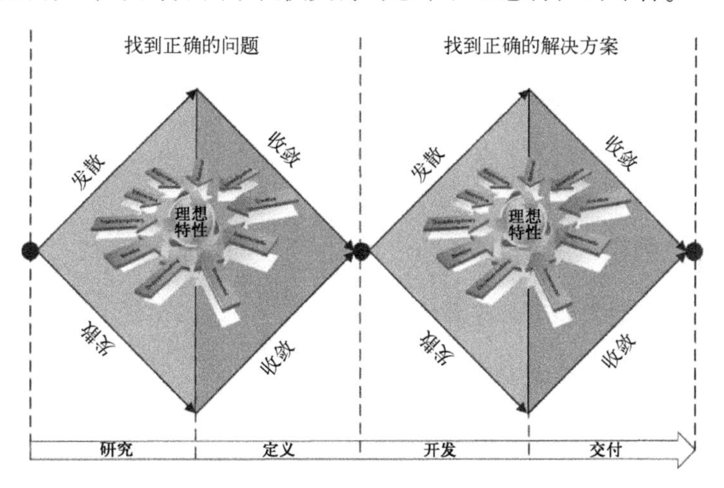

图 2.3　特性和思维的综合①

2.3 节将简述与方法相关的术语和关系。

① 译注：图中理想特性部分即为图 2.1，在该图中没有重复翻译。

2.3 方法学术语及其关系

为了更好地理解方法学在科学体系中的位置，下面将回顾并定义关键术语，包括范式、哲学、方法学（论）、方法和技术，还给出了这些术语之间的结构化关系。

2.3.1 范式

范式是物理学家和现代科学哲学家托马斯库恩（Thomas Kuhn）（1922—1996）提出的一个术语。范式的两个定义如表2.4所示。

表2.4 范式定义

定　义	来　源
某一特定团体或领域成员所共有的全部信仰、价值观、技术等	Kuhn（1996，p.175）
某一科学团体的理论、信仰、价值观、方法、目标、专业和教育结构构成的整个网络	Psillos（2007，p.174）

从上述定义中发展出一个范式的复合定义，即范式是一个科学共同体的理论、信仰、价值观、方法、目标、专业和教育结构构成的整体网络。因此，与工程领域和工程设计学科相关的范式需求包括：

（1）信仰和价值观的网络；

（2）专业和教育结构；

（3）科学界的世界观。

2.3.2 哲学

哲学的两个定义如表2.5所示。

表2.5 哲学定义

定　义	来　源
哲学只从逻辑角度来处理科学问题，哲学是对科学概念、命题、证明、理论的逻辑分析，也指选择作为构建概念、证明、假设、理论等可能方法的共同基础的科学	Carnap（1934，p.6）
我们对世界或世界所包含事物进行分类的不同方式	Proudfoot et al.（2010，p.302）

哲学的复合定义为，哲学是对科学概念、命题、证明、理论的逻辑分析，也指选择作为构建概念、证明、假设、理论的可能方法的共同基础的科学。哲

学概念在工程领域和工程设计学科中应用，哲学需求包括：

（1）支撑世界观的理论知识体系；

（2）处于最高抽象级别；

（3）包含科学界用来解决世界问题的系统定律、原理、定理和公理。

2.3.3　方法学

方法学的三个定义如表2.6所示。

表2.6　方法学定义

定　　义	来　　源
对科学方法的哲学研究	Honderich（2005，p. 598）
在研究或干预处理中为人们提供帮助的一套结构化的方法或技术	Mingers（2003，p. 559）
指导科学研究的理性和实验性的原理和过程的系统性分析和组织，更具体说它构成了特定科学的结构	Runes（1983，p. 212）

方法学的复合定义为，方法学是指导科学研究的理性和实验性的原理和过程的系统性分析和组织。上述方法学定义应用于工程领域和工程设计学科，其特点包括：

（1）用于指导科学工作的一项系统方法；

（2）是多种系统方法的组合，变得越来越具体，直到成为一种独特的方法学。

2.3.4　方法和技术

方法和技术都是需要定义的术语，以便对其区分并为工程设计提供通用语言。

方法是应用于或适用于某一特定学科或艺术领域的一种系统化的程序、技术或探究方式（Mish，2009，p. 781）；技术是工艺或科学研究中的一套或若干技术性方法（Mish，2009，p. 1283）。

下面给出了工程方法学描述中所采用术语之间的层次关系。

2.3.5　科学术语之间的关系

范式、哲学、方法学、方法和技术之间存在明显关系。Peter Checkland 博士是公认的系统方法学发展先行者，他指出：

我认为方法学介于哲学和技术之间，技术是一个精确的具体行动方案，能够产生一个标准的结果；方法学缺乏技术的精确性，但与哲学相比，是更确切的行动指南（Checkland，1999，p. 162）。

范式、哲学、方法学、方法和技术之间的关系如图 2. 4 所示。

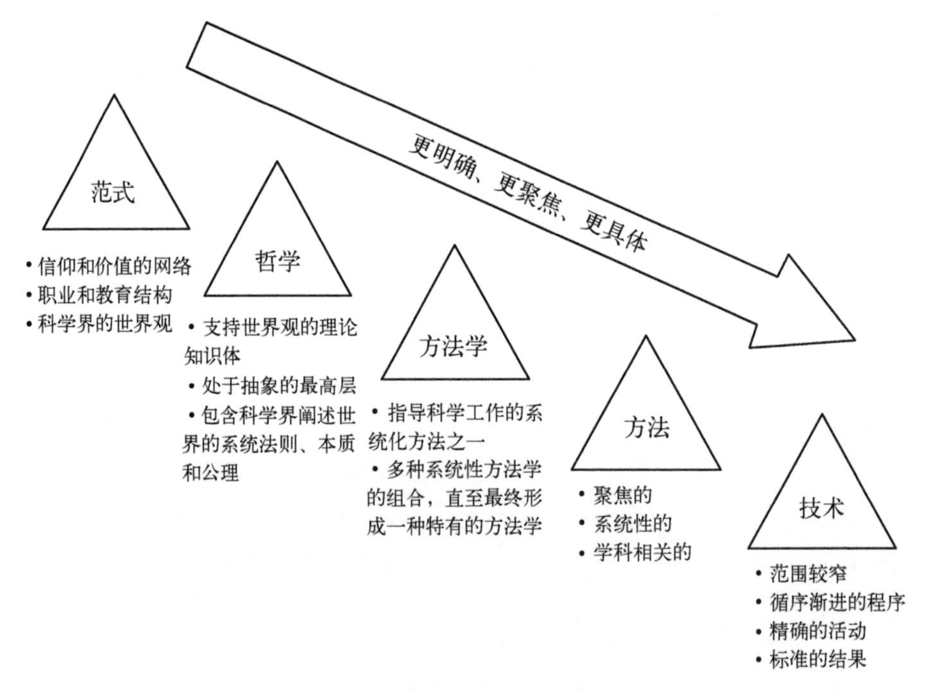

图 2. 4　科学术语之间的关系

2. 4　工程设计的层次结构

图 2. 4 给出了在工程设计方法学中存在的结构，下面讨论对工程设计方法学具有支撑作用的文档。

2. 4. 1　科学领域的工程范式

围绕所有工程工作的顶层范式是科学、科学方法和科学团体。科学是有组织的知识体系（Nagel，1961，p. 3），在其最高层次包括六个主要领域：自然科学、工程与技术、医学与健康科学、农业科学、社会科学和人文科学（OECD，2007）。每一门科学都是由对解释的渴望所引导的，而这种渴望又是系统的，并且是由产生科学的事实证据所控制的（Nagel，1961，p. 4）。科学不是一个僵硬的事实，而是一个动态的发现过程，其本身就是非常鲜活的（Angier，2007，p. 19）。

2.4.2　工程哲学

第二个层次是哲学，服务于所有工程工作，并包含对支撑所有工程师世界观的理论知识体系的指南。存在一个顶层知识体系，涵盖了一般工程知识（NSPE，2013）和各工程学科的单独知识体系，如《系统工程知识体系指南》或 SEBOK（BKCASE-Editorial-Board，2014）和《软件工程知识体系指南》或 SWEBOK（Bourque et al.，2014）。知识体系作为在该知识体系规定的专业领域中有效实践工程所需特定知识领域的指南。每一种知识体系都致力于以下目的：

（1）促进世界范围内对工程学科的一致认识；

（2）明确工程学科的范围，明确工程学科与其他科学领域和工程学科的关系；

（3）表征工程学科的内容；

（4）提供对现存文献中知识主体的专题访问；

（5）为课程开发提供依据，在学科专业领域为个人资质认证和材料许可提供基础。

2.4.3　工程设计方法学

第三个层次是方法学，将所有工程设计工作（工程学科）聚焦于实现设计人造系统所需要的技术过程。第 1 章给出的设计方法学定义为：一种创建设计的系统化方法，由一组具体工具、技术和指南的有序应用组成（IEEE et al.，2010，p. 102）。

可以将设计方法学设想为一种框架或模型，焦点是人们试图定义一个对象、设备、过程或系统的行为，目的是围绕使用提供能对建造、组装以及实施产生影响的细节。

设计模型是哲学或策略的表达形式，用来展示设计的机制以及如何完成设计（Evbuomwan et al.，1996，p. 305）。

下一节将介绍可以在工程系统设计过程中应用的多项规范化方法。

2.5　工程设计方法学

本节将介绍部分主要的工程设计方法学（或称方法论）。在一个非常高的层次上对每种方法学进行回顾，同时提供足够数量的参考资料，可对方法学细节的进一步研究提供指导。非常重要的一点是，方法学是一个框架或模型，用于指导执行、跟踪和完成人造系统设计所需的技术任务。这里按在文献中出现的时间顺序，依次给出七种具体的方法学。

2.5.1 莫里斯·阿西莫夫（Morris Asimow）方法学

加利福尼亚大学洛杉矶分校工程系统教授莫里斯·阿西莫夫（1906—1982）针对设计项目提出了七阶段线性时序结构（即形态学），如图 2.5 所示。阿西莫夫是讨论工程设计中形态学的首位作者，他在这一主题上发表的最早的著作有其独到之处。

注意，图 2.5 包含三个阶段，各设计阶段的目的如下（Asimow，1962，p. 12）：

（1）可行性研究——寻求一组对设计问题的有用解决方案。

（2）初步设计——确定所提供备选方案中哪一个是最佳设计方案。

（3）详细设计——提供经过试验且可生产设计的工程描述。

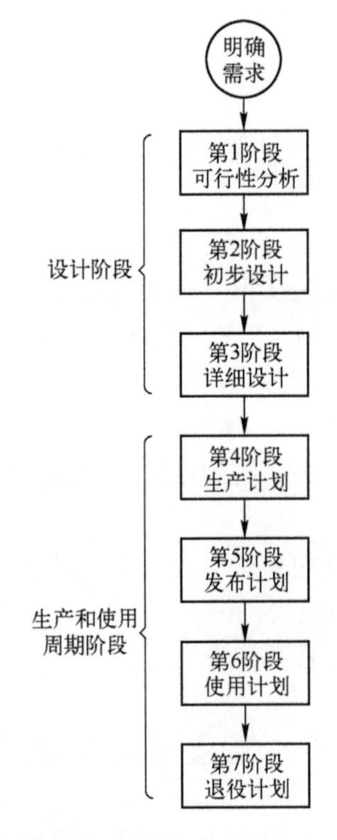

图 2.5　工程项目的七个阶段（Asimow，1962，p. 12）

设计阶段和相关过程的逐步执行，应是每个工程师都非常熟悉的，因为这是教授传递产品和系统所涉及活动的顺序路径基础。这七个阶段的每一个细节在 Asimow 的《设计导论》（1962 年）一书中以单独章节的形式呈现。

2.5.2　奈杰尔·克罗斯（Nigel Cross）方法学

英国开放大学设计研究名誉教授、《设计研究》主编 Nigel Cross 于 1984 年提出了图 2.6 所示的八阶段设计模型（出自《工程设计方法》第 1 版）。该模型的独特之处在于，允许用户将较大的设计问题分解为子问题和子解决方案，然后将此类子问题和子解决方案合成为总体解决方案。

模型左侧的三个阶段和中间底部的一个阶段，即确定问题的目标、功能、要求和特性。模型右侧的三个阶段和中上部的一个阶段，即生成、评估和改进备选方案，并确定可能与问题设计解决方案相关的其他机会。右手侧的一个阶段负责响应，并向左手侧的一个阶段提供反馈。模型的细节见 Cross 的《工程设计方法》（Cross，2008），现在已经是第 4 版。

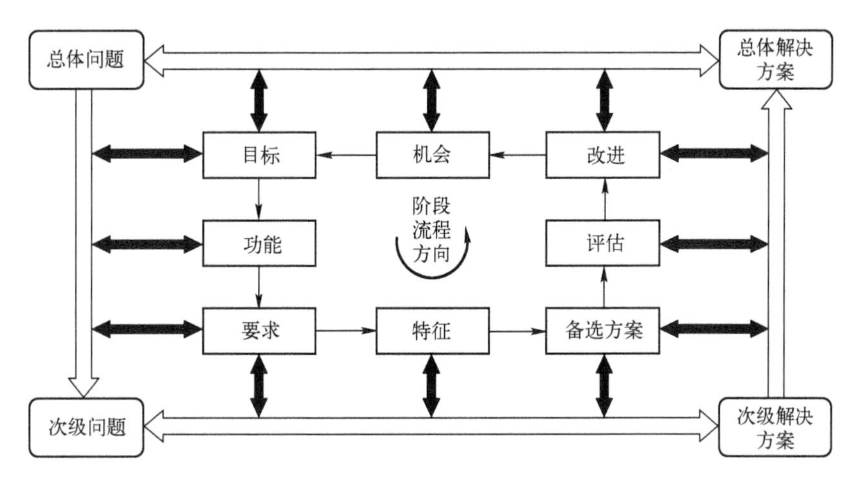

图 2.6　设计过程的八个阶段（Cross，2008，p. 57）

2.5.3　迈克尔 J. 弗伦奇（Michael J. French）方法学

兰卡斯特大学工程设计名誉教授 Michael J. French 在 1985 年的《工程师概念设计》一书中提出了一个总体设计框图，他提出的四阶段模型如图 2.7 所示。

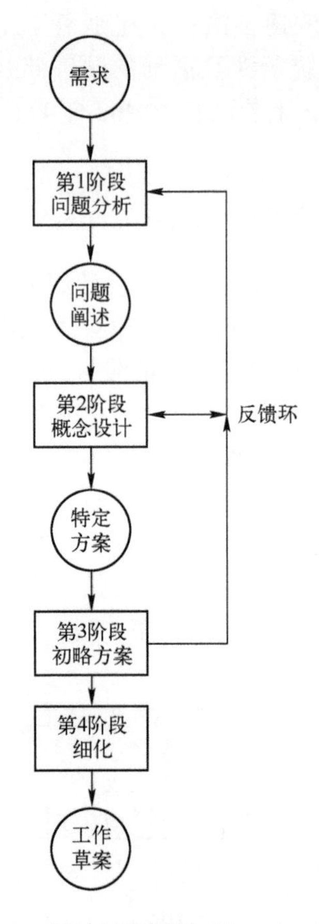

图 2.7　设计过程框图（French，1998）

与该设计模型相关的细节见《工程师概念设计》（French，1998），该书最近重新发行了第 3 版。

2.5.4　弗拉基米尔·哈布卡和 W. 恩斯特·埃德（Vladimir Hubka and W. Ernst Eder）方法学

1970—1990 年，Vladimir Hubka（1924—2006）在瑞士苏黎世联邦技术大学担任设计教育负责人，专长领域是设计科学和技术系统理论。Hubka 提出了一个四阶段六步骤模型，涉及从概念到生成装配图的所有设计要素。图 2.8 所示是 Hubkas 设计过程模型的简化描述，描述了设计阶段中技术过程的状态。

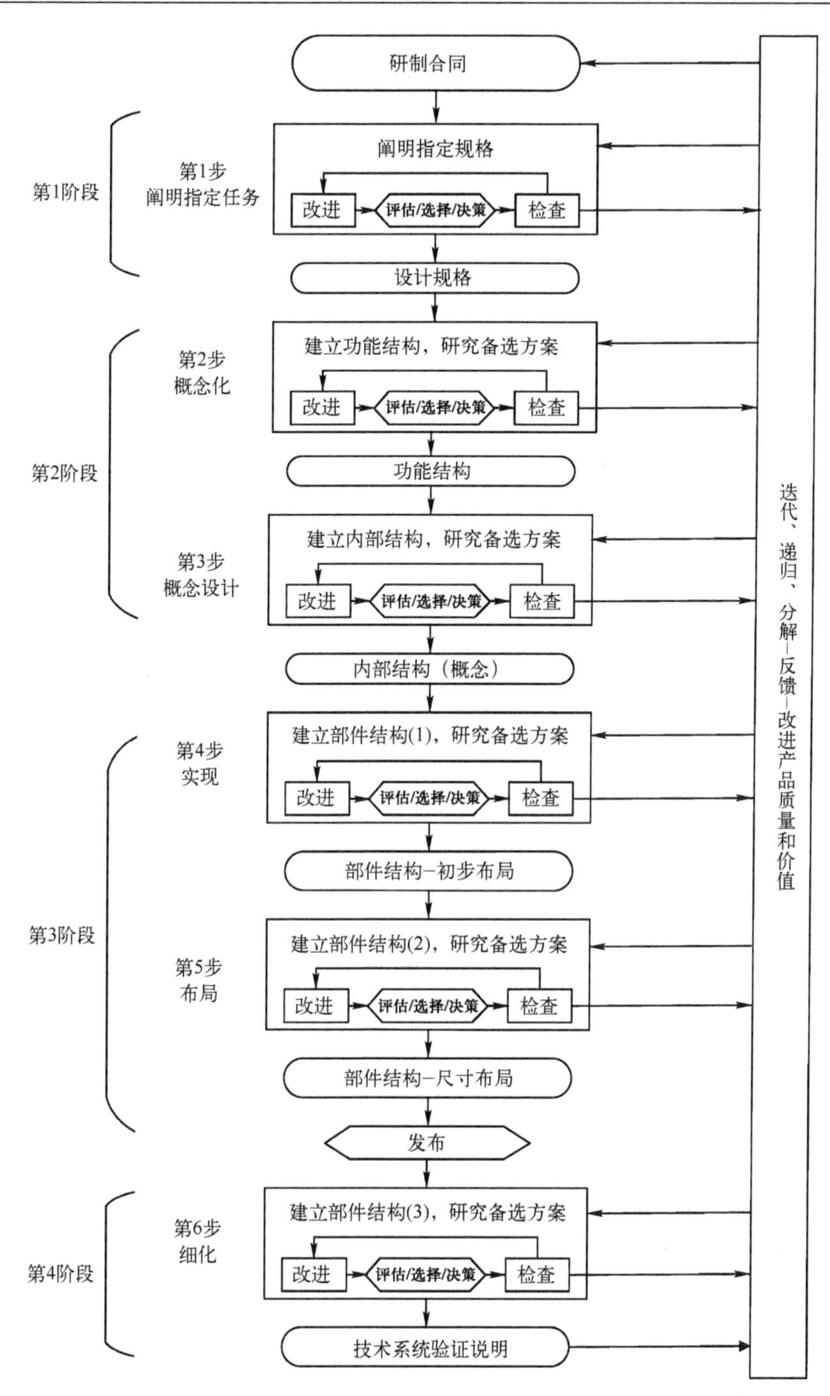

图 2.8　Hubka 设计过程模型描述（Hubka et al.， 1995）

这是一个独特的模型，在完成各项步骤后，具体设计文档即标识为可交付对象。这一创新方法的更多细节可见《设计科学：工程设计知识的需求、范围和组织》(Hubka et al., 1995)。W. Ernst Eder 是 Hubkas 的长期同事，他对 Hubkas 做出的贡献进行了汇编，包括 Hubkas 对工程设计科学和技术系统理论的观点，读者可对此类主题进行了解（Eder，2011）。

2.5.5 斯图尔特·普格（Stuart Pugh）方法学

Stuart Pugh（1929—1993）是巴布科克工程设计教授，1985 年起担任苏格兰格拉斯哥斯特拉斯克莱德大学（University of Strathclyde）设计系主任。在斯特斯克莱德大学任职期间，他完成了开创性的工作，该工作内容都汇总于《总体设计：成功产品工程的综合方法》(1991 年)。Pugh 提倡采用跨学科团队的参与式设计方法。Pugh 在教学和咨询工作中提出上述想法之前，大多数工程师都专注于设计的技术元素，很少参与开发过程或与产品相关的商务要素。Pugh 对跨学科团队的利用，确保了技术因素和非技术因素都包括在《总体设计：成功产品工程的综合方法》中。

Pugh 的设计活动总模型分为四个部分。第一部分是六个阶段的设计核心：市场、规格、概念设计、详细设计、生产及销售。设计核心的六个阶段如图 2.9 所示。阶段之间的迭代即说明了在设计期间产品目标的变化情况。

设计活动总模型的第二部分是产品设计规范。产品设计规范涵盖设计核心，包含设计、制造和销售产品所需的主要规范要素，产品设计规范要素如表 2.7 所示。

表 2.7 产品设计规范要素

客 户	过 程	尺 寸	装 运	性 能
报废	美学	政治	安装	重量
维修	竞争	包装	可靠性	储存寿命
专利	环境	测试	安全性	法律
文档	质量	产品寿命	材料	人机工效
标准规范	生产设施	市场约束	公司约束	使用寿命
产品成本	时间范围			

当产品设计规范置于设计核心之上时，设计活动总模型可用四部分中的两个部分表示，如图 2.10 所示。核心阶段的辐射线及围绕核心阶段的线，表示与具体产品设计相关的产品设计规范元素。

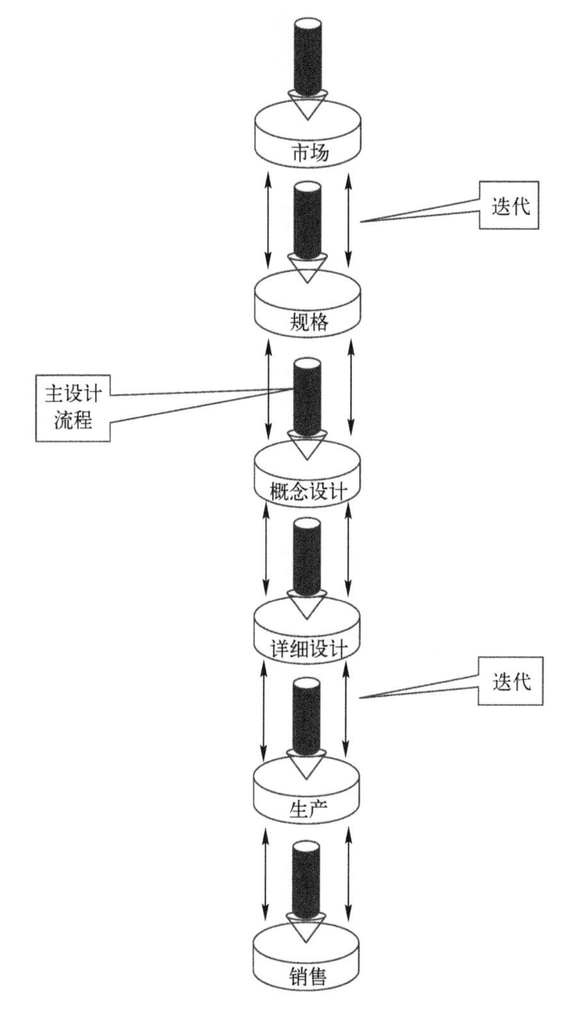

图 2.9 主要设计核心（Pugh，1991，p. 6）

设计活动总模型的第三部分是执行设计核心所需的、与学科无关的方法输入，既包括工程设计的理想特性，也包括如图 2.3 所示的两种思维模式以及其他模式。

设计活动总模型的第四部分是与技术和学科来源相关的输入。执行围绕设计核心的产品设计规范元素，需要采用许多与特定学科有关的方法，如应力和应变分析、焊接、电磁测量、传热研究等。完整的设计活动总模型如图 2.11 所示。

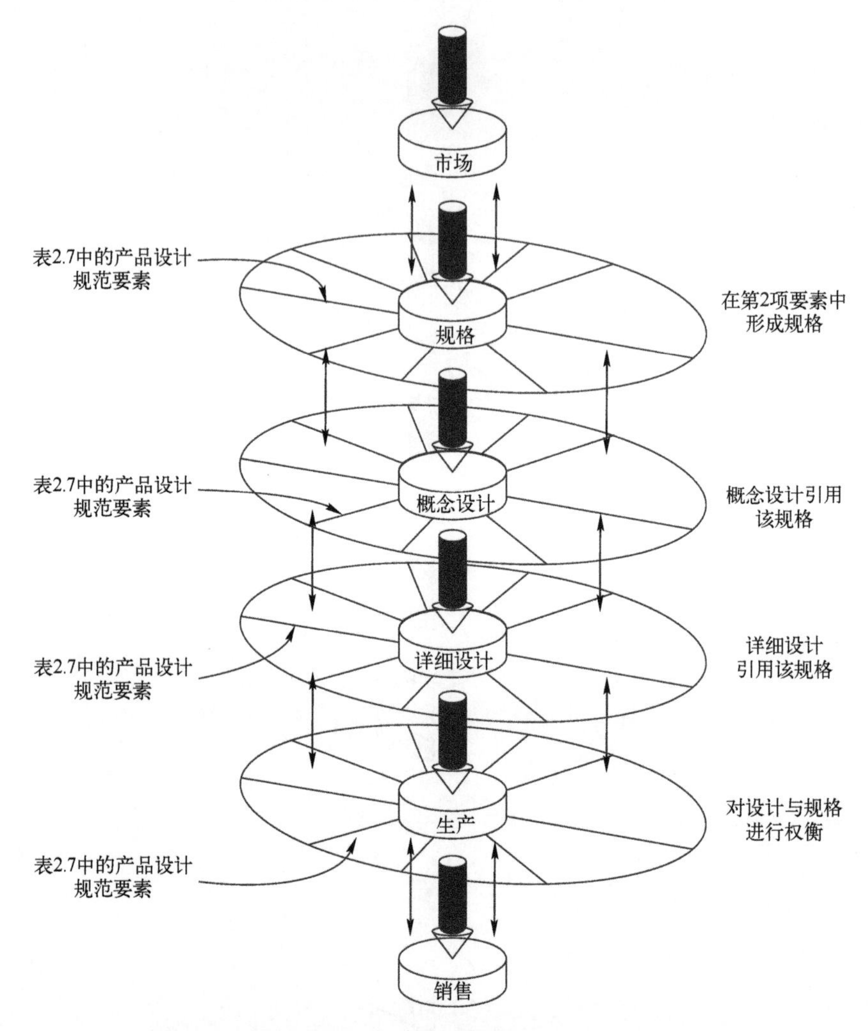

图 2.10　设计核心与产品设计规范（Pugh，1991，p. 7）

为了说明模型的输入，图 2.11 所示的设计活动总模型给出了若干方法示例，既有技术和学科特有的方法，也有独立于学科的方法，模型的实际应用会涉及更多的方法。Pugh 的开创性著作《总体设计：成功产品工程的综合方法》（1991 年）对该设计模型给出了更详细的阐述。

2.5.6　德国工程师协会方法学

在德国，德国工程师协会（VDI）有一个关于技术系统和产品设计的系统化方法的正式指南（VDI，1987）。该指南对人造系统的设计提供了一种泛化方法，如图2.12所示。

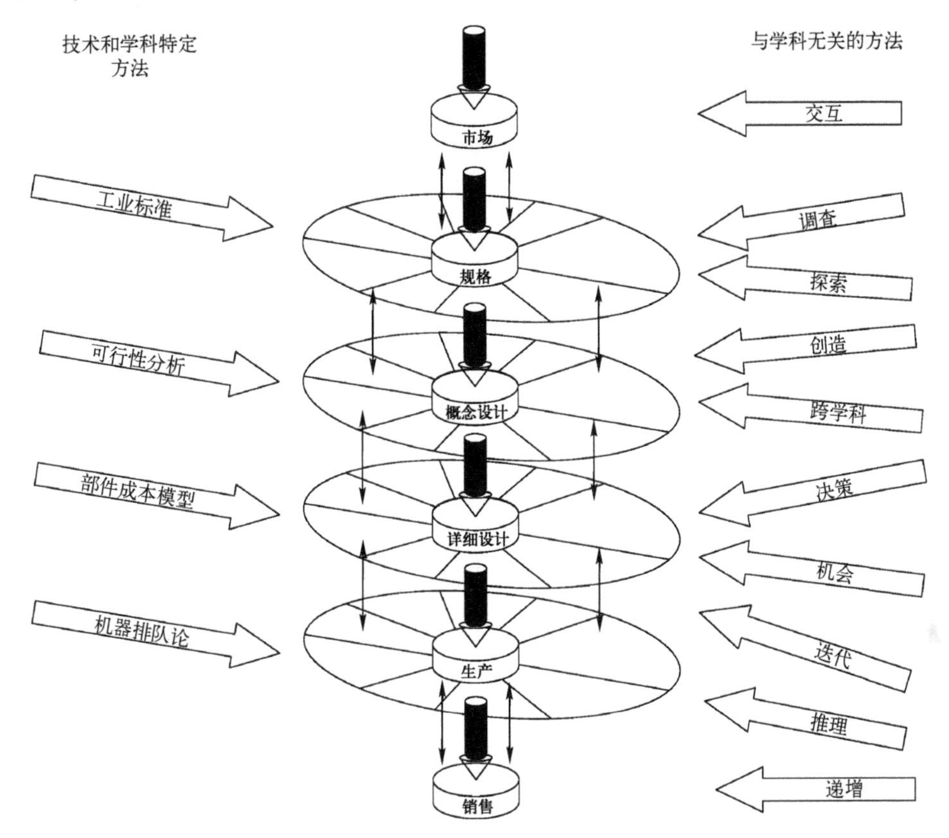

图2.11 设计活动总模型

该模型分为四个阶段，由七个步骤组成，每个步骤都有一个具体的结果。图2.12所示的方法可以看作是分配详细工作程序的一个指导方针，特别强调方法的迭代性质，步骤的顺序不应是僵硬的（Pahl et al.，2011，p.18）。

2.5.7 帕尔、贝茨、费尔德胡森和格罗特（Pahl，Beitz，Feldhusen and Grote）方法学

由Gerhard Pahl、Wolfgang Beitz、Jorg Feldhusen和Karl Heinrich Grote组成的小组编写了最受欢迎的设计教材之一《工程设计：一种系统化方法》（2011年）。他们提出了一个设计模型，该模型分为四个主要阶段：规划和任务明确；概念设计；实施设计；详细设计。由于模型简单，并不需要给出图形，下面对每个阶段进行说明。

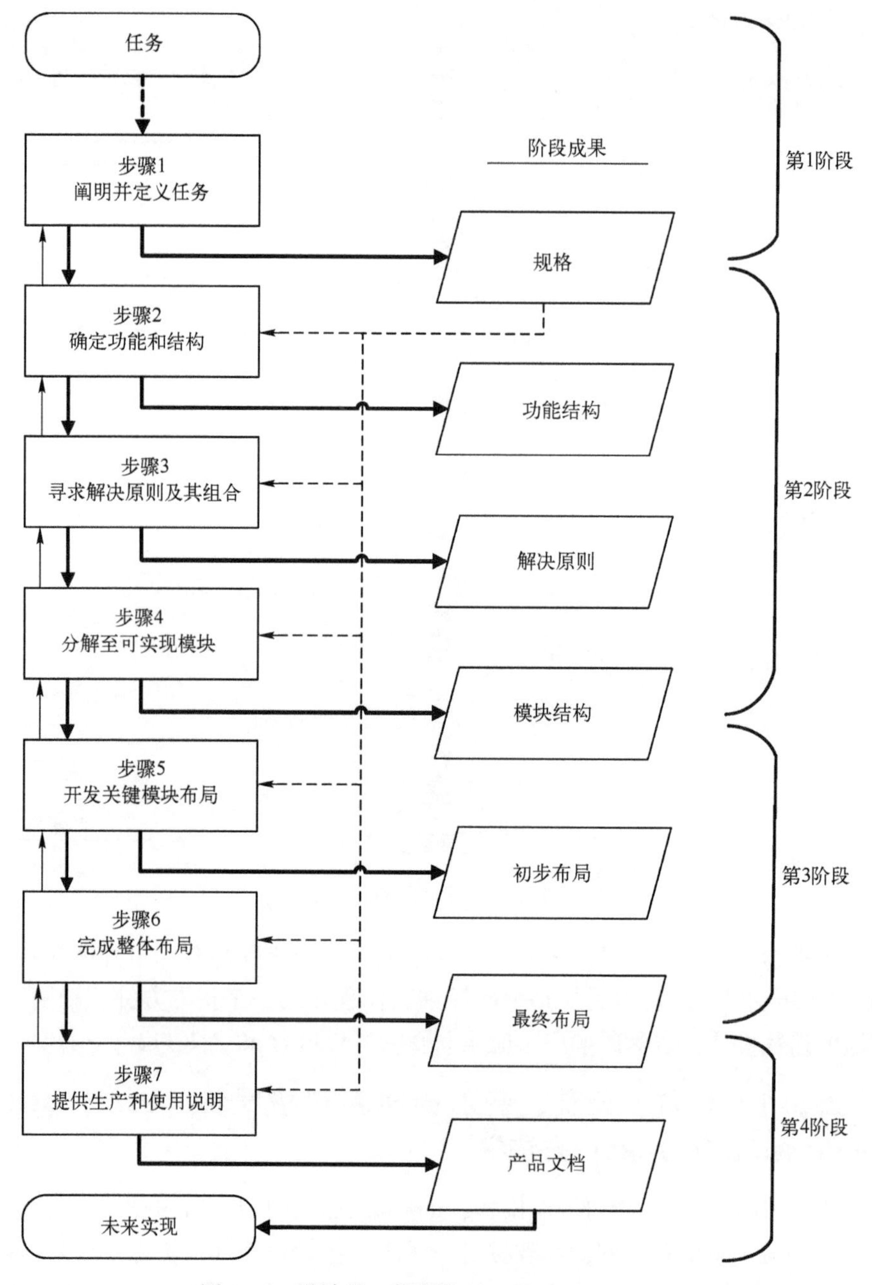

图 2.12 设计的一般方法（VDI，1987，p. 6）

（1）任务明确。该阶段的目的是收集有关产品必须满足的需求信息，以及有关现有约束及其重要性的信息（Pahl et al.，2011，p. 131）。

（2）概念设计。该阶段的目的是确定原则性的解决方案。这是通过抽象基本问题，建立功能结构，寻找合适工作原理，然后将这些原理组合成一个工作结构来实现的（Pahl et al.，2011，p. 131）。

（3）实施设计。该阶段的目的是根据技术和经济标准确定技术系统的实施结构（总体布局）。实施设计的结果是布局规范（Pahl et al.，2011，p. 132）。

（4）详细设计。该阶段的目的是最终确定所有零件的布置、形式、尺寸和表面特性，最终确定指定材料、评估生产可能性、估算成本以及确定所有图纸和其他生产文件。详细设计阶段应以生产文件的形式对信息进行规范（Pahl et al.，2011，p. 132）。

模型中每个阶段的详细信息可参阅著作《工程设计：一种系统化方法》（Pahl et al.，2011），目前是第 3 版。

2. 6 节将讨论第八种设计方法学——公理化设计。

2. 6　公理化设计方法学

本章对公理化设计方法学给予了特殊处理，因为该方法学不仅满足表 2. 2 的技术过程，还满足 9 个关键属性，因而确保了该方法学是可持续的（Adams et al.，2011）。表 2. 8 给出了 9 个关键属性以及公理化设计方法学应如何满足这些属性。

需要注意的是，公理化设计方法学最独特的一点是，它不仅能够满足表 2. 2 的设计技术过程，而且还能应用系统理论的特定公理来提出系统设计工作的定量评价指标，2. 5 节中的 7 种设计方法学则均不具备这种能力。

表 2. 8　公理化设计方法学的关键属性

关键属性	属性描述及公理化设计方法学的满足情况
可移植	一种方法学必须能够应用于一系列复杂的工程问题和环境。公理化设计方法学已成功应用于多个领域的各种设计问题
理论和哲学基础	一种有效的方法学，必须能够与构成方法学及其应用基础的理论知识体系以及哲学基础联系在一起。公理化设计方法学的理论知识体系是系统论
行动指南	一种方法学必须能够提供足够的细节来制订适当的行动计划，并指导实施该方法学的努力方向。公理化设计方法学能够为如何将客户需求转化为功能需求和非功能需求，并进一步转化为设计参数和过程变量提供明确的指导
显著性	一种方法学必须表现出能够处理多个领域问题的整体能力，至少应包括背景、人力、组织、管理、政策、技术和政治等不同因素。公理化设计方法学解决了功能和非功能需求以及系统约束

续表

关键属性	属性描述及公理化设计方法学的满足情况
一致性	一种方法学必须具备可复制性，以及基于类似情况对方法应用的结果进行解释。公理化设计方法学的数学严谨性确保了结果的一致性
适应性	一种方法学必须能够根据不断变化的条件或情况，对方法、配置、执行情况或期望进行调整和修改。公理化设计方法学可应用于各种条件和环境，但前提是必须符合系统论的公理
中性	一种方法学应在应用和解释中尽量减少和考虑外部影响。公理化设计方法学在技术上具有足够的透明度，能够消除偏差、表面假设，并解释方法执行过程中的限制
多用途	一种方法学应能够支持复杂系统的各种应用，其中包括新系统设计、现有系统转型和系统问题评估。公理化设计方法学可跨多个问题域和应用程序加以应用
严谨性	一种方法学必须能够经受以下方面的审查：确定与理论和知识体系的联系；有足够的深度来证明与理论和知识相关的详细基础；能够提供透明、可复制的结果，并对用于得出结论和解释的明确逻辑负责。公理化设计方法学以系统论为基础，应用了信息熵和独立性公理，其数学严谨性确保了可复制的结果，确保使用共同逻辑得出结论

以下各小节将介绍公理化设计方法学的基本要素。重点是在定量评估设计能力的基础上选择最佳设计方案的能力，从而满足功能需求和非功能需求。相对于其他设计方法学，取消定性评估参数和成本是该方法学的重大转变。公理化设计方法学被确定为系统设计工作的首选方法学。

2.6.1 公理化设计方法学简况

公理化设计方法学是由麻省理工学院的 Nam P. Suh 教授提出的，其设计框架建立在系统论两个公理的基础上，即独立公理和信息公理。Suh 利用上述公理，再加上域的概念，提出了一个框架，在该框架中，客户属性能够在一个完整的设计中转换成过程变量。Suh 教授在 20 世纪 70 年代中期就提出了公理化设计框架的基本思想，1990 年首次发表（Suh，1990），并于 2001 年更新（Suh，2001）。下面给出公理化设计方法学的高层描述。

2.6.2 公理化设计方法学中的域

公理化设计的一个关键概念是域。在设计活动范围内有四个域：客户域①，其是客户和利益相关方希望在系统中看到的客户属性；客户详细规范的

① 本章使用 Suh 博士的术语“客户”，但请注意，该术语的范围过于狭窄。因此，鼓励读者使用替换术语“利益相关方”，该术语包括与任何系统设计相关的、更大的超集合。

功能域，规定为功能需求和非功能需求或规定为 Suh 所描述的约束；设计参数的物理域；过程变量实现设计的过程域。图 2.13 给出了设计活动范围中的四个域。

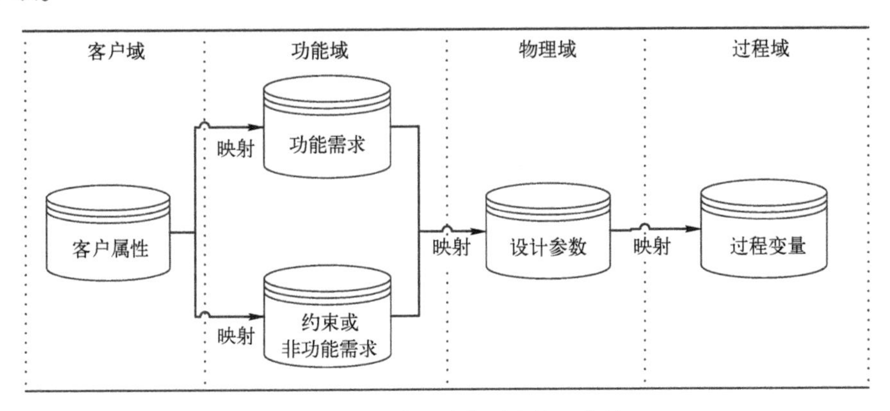

图 2.13　设计活动范围中的四个域

2.6.3　独立公理

公理化设计的第二个关键概念是独立公理。独立公理规定：必须保持功能需求的独立性（Suh，2005b，p. 23）。

简言之，每项功能需求都应在不影响任何其他功能需求的情况下得到满足①。在概念化过程中，对功能需求从说明“什么”的功能域到说明“如何”的物理域进行转换。该映射应该是一项设计参数关联一项功能需求，从数学上讲，是对两个向量的关联，即功能需求向量［***FR***］和设计参数向量［***DR***］的关联，具体如公式（2.1）所示。

功能需求方程：

$$[\boldsymbol{FR}]=[\boldsymbol{A}][\boldsymbol{DP}] \tag{2.1}$$

式中：［***A***］是将功能需求与设计参数联系起来的设计矩阵，可表示为

$$[\boldsymbol{A}]=\left\|\begin{matrix} A_{11} & A_{12} & A_{13} \\ A_{21} & A_{22} & A_{23} \\ A_{31} & A_{32} & A_{33} \end{matrix}\right\| \tag{2.2}$$

利用式（2.2）中的设计矩阵，式（2.1）可改写为式（2.3）。功能需求的扩展式：

① 本说明仅涉及功能需求，但该概念同样适用于作为系统设计约束的非功能需求。

$$
\begin{aligned}
FR_1 &= A_{11}DP_1 + A_{12}DP_2 + A_{13}DP_3 \\
FR_2 &= A_{21}DP_1 + A_{22}DP_2 + A_{23}DP_3 \\
FR_3 &= A_{31}DP_1 + A_{32}DP_2 + A_{33}DP_3
\end{aligned} \tag{2.3}
$$

这满足公式（2.4）中的一般关系。

功能需求的一般方程：

$$FR = \sum_{i=1}^{n} A_{ij} DP_j \tag{2.4}$$

式中：i 为设计参数的个数。

独立性公理可用于评价设计复杂性。由于系统设计中部件之间存在大量的交互，大多数系统都会表现出复杂性。设计复杂性可以通过观察系统耦合的方式来进行测量，即设计参数数量小于功能需求数量的情况。在这种情况下，设计就会增加复杂性，因为设计参数需要满足多个功能需求，或者说部分功能需求无法满足。

独立公理的相关性还具有其他用处，如可以基于与理想设计的关系对一个设计进行定量而非定性的评价。理想设计中，设计参数的数量等于功能需求的数量，且功能需求相互独立。所有备选设计方案都可以根据理想设计的概念进行评价。

2.6.4 信息公理

信息公理是系统论七大公理之一（Adams et al.，2014）。信息公理规定：系统可创建、拥有、传输和修改信息。信息合理提供了信息应如何影响系统的理解（Adams et al.，2014，p. 119）。

Suh（1990，2001）在公理化设计公式中引用的信息公理的原则是信息冗余原则。信息冗余是信息结构的一部分，不是由发送者自由选择决定的，而是由公认统计规则决定的，这些规则管理着相关符号的使用（Shannon et al.，1998，p. 13）。信息冗余是用来传输消息的位数减去消息中实际信息的位数。

公理化设计方法学的信息公理利用了 Shannon 的广义信息熵公式[①]，是对信息不确定性或信息内容不可预测性的度量，具体如式（2.5）所示。

Shannon 信息熵方程：

① 信息熵有时称为 Shannon 熵。关于信息论的更多信息，可以查阅：*Information Theory*. New York：Dover Publications，or Pierce（1980）. *An Introduction to Information Theory：Symbols，Signals and Noise*（2nd，Revised ed.）. New York：Dover Publications.

$$H = -\sum p_i \log p_i \tag{2.5}$$

式中：H 为信息熵；p_i为信息元概率。

信息熵与设计参数（DP_i）满足功能需求（FR_i）的概率（p_i）关联，重新给出信息量（I）的公式（式（2.6））。

系统信息量：

$$I_{sys} = -\sum_{i=1}^{n} \log_2 p_i \tag{2.6}$$

应用于这种背景下，信息公理认为具有最小 I_{sys}的系统设计就是最佳设计。这完全合乎逻辑，因为这样的设计需要最少的信息即可满足设计参数。

公理化设计方法学对 Shannon 信息熵的应用是非常重视的，因为能将系统设计复杂性（通常表示为定性评估）表示为基于满足设计参数所需信息熵的定量度量。

2.6.5　约束或非功能需求

设计目标不仅包括功能需求（FR_i），还包括对可接受设计方案设定了一定限制的约束条件（C_i）。公理化设计的重点涉及两类约束：一是输入约束，特定于总体设计目标，并适用于所有拟议的设计；二是系统约束，特定于系统的具体设计。

通过生成一组特定的功能需求、指导设计解决方案的选择，以及在设计评价中引用等方式，约束影响着设计过程（Suh，2005a，p. 52）。

由约束生成的特定功能需求集标记为非功能需求。在公理化设计方法学中，应按照与功能需求相同的方式处理非功能需求。下一章将介绍非功能需求的研究和命名分类法。

2.7　本章小结

本章定义了工程设计，并在更大的科学范式和工程领域中将其定位。阐述了工程设计的理想特性和两种思维方式，给出了科学方法层次结构中与方法论有关的术语，最后介绍了系统设计的七种历史方法和一种首选方法。

下一章对非功能需求及其在人造系统的工程设计中所起的作用进行综述的形式化；同时，还将提出一个概念性的分类法，用于识别和解决系统设计工作中的非功能需求。

参考文献

Adams, K. M., Hester, P. T., Bradley, J. M., Meyers, T. J., & Keating, C. B. (2014). Systems theory: The foundation for understanding systems. *Systems Engineering, 17*(1), 112–123.

Adams, K. M., & Keating, C. B. (2011). Overview of the systems of systems engineering methodology. *International Journal of System of Systems Engineering, 2*(2/3), 112–119.

Angier, N. (2007). *The canon: A whirlwig tour of the beautiful basics of science*. New York: Houghton Mifflin Company.

Ash, R. B. (1965). *Information theory*. New York: Dover Publications.

Asimow, M. (1962). *Introduction to design*. Englewood Cliffs: Prentice-Hall.

BKCASE-Editorial-Board. (2014). *The guide to the systems engineering body of knowledge (SEBoK), version 1.3*. In R. D. Adcock (Ed.), Hoboken, NJ: The Trustees of the Stevens Institute of Technology.

Bourque, P., & Fairley, R. E. (Eds.). (2014). *Guide to the software engineering body of knowledge (version 3.0)*. Piscataway, NJ: Institute of Electrical and Electronics Engineers.

Carnap, R. (1934). On the character of philosophic problems. *Philosophy of Science, 1*(1), 5–19.

Checkland, P. B. (1999). *Systems thinking. Systems Practice*. Chichester: Wiley.

Cross, N. (2008). *Engineering design methods* (4th ed.). Hoboken, NJ: Wiley.

de Weck, O. L., Roos, D., & Magee, C. L. (2011). *Engineering systems: Meeting human needs in a complex technological world*. Cambridge, MA: MIT Press.

Eder, W. E. (2011). Engineering design science and theory of technical systems: Legacy of Vladimir Hubka. *Journal of Engineering Design, 22*(5), 361–385.

Evbuomwan, N. F. O., Sivaloganathan, S., & Jebb, A. (1996). A survey of design philosophies, models, methods and systems. *Proceedings of the Institution of Mechanical Engineers, Part B: Journal of Engineering Manufacture, 210*(4), 301–320.

French, M. J. (1998). *Conceptual design for engineers* (3rd ed.). London: Springer.

Honderich, T. (2005). *The Oxford companion to philosophy* (2nd ed.). New York: Oxford University Press.

Hubka, V., & Eder, W. E. (1995). *Design science: Introduction to the needs, scope and organization of engineering design knowledge* (2nd ed.). New York: Springer.

IEEE and ISO/IEC. (2008). IEEE and ISO/IEC Standard 15288: Systems and software engineering—system life cycle processes. New York: Institute of Electrical and Electronics Engineers and the International Organization for Standardization and the International Electrotechnical Commission.

IEEE and ISO/IEC. (2010). IEEE and ISO/IEC Standard 24765: Systems and software engineering—vocabulary. New York : Institute of Electrical and Electronics Engineers and the International Organization for Standardization and the International Electrotechnical Commission.

Kuhn, T. S. (1996). *The structure of scientific revolutions*. Chicago: University of Chicago Press.

Le Masson, P., Dorst, K., & Subrahmanian, E. (2013). Design theory: History, state of the art and advancements. *Research in Engineering Design, 24*(2), 97–103.

Mingers, J. (2003). A classification of the philosophical assumptions of management science methods. *Journal of the Operational Research Society, 54*(6), 559–570.

Mish, F. C. (Ed.). (2009). *Merriam-webster's collegiate dictionary* (11th ed.). Springfield, MA: Merriam-Webster, Incorporated.

Nagel, E. (1961). *The structure of science: Problems in the logic of scientific explanation*. New York: Harcourt, Brace & World.

Norman, D. A. (2013). *The design of everyday things* (Revised and expanded ed.). New York: Basic Books.

NSPE. (2013). *Engineering body of knowledge*. Washington, DC: National Society of Professional Engineers.

OECD. (2007). *Revised field of science and technology (FOS) classification in the frascati manual*. Paris: Organization for Economic Cooperation and Development.

Pahl, G., Beitz, W., Feldhusen, J., & Grote, K.-H. (2011). *Engineering design: A systematic approach* (K. Wallace & L. T. M. Blessing, Trans. 3rd ed.). Darmstadt: Springer.

Pierce, J. R. (1980). *An introduction to information theory: Symbols, signals & noise* (2nd Revised ed.). New York: Dover Publications.

Proudfoot, M., & Lacey, A. R. (2010). *The Routledge dictionary of philosophy* (4th ed.). Abingdon: Routledge.

Psillos, S. (2007). *Philosophy of science A-Z*. Edinburgh: Edinburgh University Press.

Pugh, S. (1991). *Total design: Integrated methods for successful product engineering*. New York: Addison-Wesley.

Runes, D. D. (Ed.). (1983). *The standard dictionary of philosophy*. New York: Philosophical Library.

Shannon, C. E., & Weaver, W. (1998). *The mathematical theory of communication*. Champaign, IL: University of Illinois Press.

Suh, N. P. (1990). *The principles of design*. New York: Oxford University Press.

Suh, N. P. (2001). *Axiomatic design: Advances and applications*. New York: Oxford University Press.

Suh, N. P. (2005a). Complexity in engineering. *CIRP Annals Manufacturing Technology, 54*(2), 46–63.

Suh, N. P. (2005b). *Complexity: Theory and applications*. New York: Oxford University Press.

VDI. (1987). *Systematic approach to the design of technical systems and products (VDI Guideline 2221)*. Berlin: The Association of German Engineers (VDI).

第 3 章　非功能需求

在任何系统设计过程中，最容易理解的任务之一就是定义系统的功能需求。功能需求是利益相关方对系统的目的以及满足目的和目标的直接延伸。不太容易理解的是系统的非功能需求，或者整个系统运行所必须面临的约束。在系统寿命周期的概念设计阶段就应明确非功能需求，这与尽早定义功能需求的原因相同，即在系统设计后期增加新需求时，成本会急剧上升。在关于系统设计的教材中，很少给出阐述非功能需求的方法。为了提供一种合乎逻辑且可重复的技术来处理现有的 200 多项非功能需求，必须将多项非功能需求精简到一个可管理的数量上。利用文献中八个模型的报告结果，本书减少了 200 多项非功能需求。对由此产生的 27 项非功能需求按一种分类法组织，能将 27 项主要的非功能需求划分为四种不同类别。基于这种分类法，本书为在早期系统设计阶段处理非功能需求提供了一个框架。

3.1　非功能需求引言

本章首先回顾非功能需求的定义及其在人造系统工程设计中的作用，然后讨论范围广泛的非功能需求，介绍用于描述非功能需求的分类法。本章最后给出了一个概念性的分类法或框架，主要用于理解非功能需求及其在系统设计工作中的作用。

本章提出了一个具体的学习目标和相关要求。本章的学习目标是能够描述非功能需求，以及在系统设计过程中阐述此类需求的分类法，该目标的支撑性子目标包括：

（1）定义非功能需求；

（2）讨论使非功能需求的处理变复杂的三方面因素；

（3）命名 10 项非功能需求；

（4）讨论非功能需求框架的历史发展；

（5）描述系统非功能需求分类法的要素；

（6）描述用于量度非功能需求属性的四层结构图。

3.2 功能需求和非功能需求的定义

所有的系统设计工作都是从系统的概念开始的。概念从想法开始，并在系统寿命周期的概念设计阶段进行一系列行动。随着系统寿命周期的发展，系统概念被转换为正式的系统层需求，其中利益相关方的需求应转换为离散的需求。

在概念设计阶段，引用了两个与需求相关的技术过程，如表3.1所示，表中的需求属于功能需求。

表3.1 概念设计阶段的需求相关技术过程

技术过程	目的
利益相关方需求定义	定义系统需求，以便在已定义的环境中能提供用户和其他利益相关方所需的服务（IEEE et al.，2008，p.36）
需求分析	将利益相关者、需求驱动的视图转换为能够提供此类服务的产品的技术视图（IEEE et al.，2008，p.39）

3.2.1 功能需求

系统和软件工程词汇标准中定义的功能需求见表3.1。

注意，声明或说明确定了为产生要求的行为或结果产品或过程所必须完成的事项；需求则规定了系统或系统部件必须能够执行的功能（IEEE et al.，2010，p.153）。

还有一些其他定义，可提供关于这类需求的补充见解。表3.2给出了两个最流行的系统工程和系统设计的定义。

表3.2 功能需求定义

定义	来源
主要是指系统应该做什么。此类需求以行动为导向，并描述系统在运行期间需要执行的任务或活动	Kossiakoff et al.（2011，p.145）
功能需求与系统在将输入转换为输出时必须执行的特定功能（在任何抽象层级上）有关。功能需求可以与一个或多个系统输出相关	Buede（2000，p.130）

根据这两个定义，可以清楚看出，功能需求具有以下不可或缺的特征（注意，所有功能需求都由动词表征）：

（1）定义了系统应该做什么；

（2）是面向活动的；

（3）描述了任务或活动；

（4）是与输入到输出的转换相关的。

这些需求就是公理化设计方法学所描述的 FR_i，在从功能域到物理域的转换过程中，它们要映射为 DP_i，是第 2 章所述公理化设计方法学的一部分。

在公理化设计方法学中，设计目标不仅包括功能需求（FR_i），还包括约束（C_i），约束对可接受设计方案设置了限制。公理化设计涉及两类约束：输入约束，是总体设计目标特有的，适用于所有拟议的设计；系统约束，具体到系统特定设计。

通过生成一组特定的功能需求、指导设计解决方案的选择、在设计评价中引用参考等方式，约束对设计过程形成影响（Suh，2005，p. 52）。

由约束生成的特殊功能需求集标记为非功能需求。非功能需求在公理化设计方法学中按照与功能需求相同的方式进行处理。3. 2. 2 节将介绍非功能需求的研究和命名分类法。

3.2.2 非功能需求

在系统和软件工程术语标准中，非功能需求定义为：

一种软件需求，它描述的不是软件要做什么，而是软件如何去做。含设计约束、非功能需求。非功能需求有时很难进行测试，因此通常采取主观性评价方式（IEEE et al.，2010，p. 231）。

《IEEE 系统需求规范开发指南》（IEEE，1998b）没有提及非功能需求。《IEEE 软件需求规范推荐规程》（IEEE 1998a，p. 5）指出，需求包括功能、性能、设计约束、属性或外部接口。表 3. 3 给出了每种软件需求应回答的问题。

表 3. 3　需求及应回答的问题

需　求	需求应回答的问题
功能	软件应该做什么
性能	各种软件功能的速度、可用性、响应时间、恢复时间等参数是多少
设计约束	是否存在有效的标准、实现语言、数据库完整性策略、资源限制、运行环境等
属性	可移植性、正确性、维护性、安全性等考虑因素是什么
外部接口	软件应如何与人、系统硬件、其他硬件和其他软件交互

此外还有一些其他定义，有助于为非功能需求提供更多的见解。表 3. 4 给出了各种系统和软件工程及设计文本的定义。

表 3.4　非功能需求定义

定　　义	来　　源
非功能需求不是描述软件需要做什么，而是描述软件应如何做	Ebert（1998，p. 175）
描述对系统的限制，对构建问题解决方案的选择加以限制	Pfleeger（1998，p. 141）
对软件系统必须表现出的特性或特征进行描述，或对软件系统必须遵守的约束进行描述，而不是对可观察到的系统行为进行描述	Wiegers（2003，p. 486）
非功能需求说明了对系统的约束以及系统可能具有的质量的特定概念，如准确性、可用性、安全性、性能、可靠性。非功能需求限制了系统必须完成的任务	Cysneiros et al.（2004，p. 116）
为促进其功能产品所必须具备的特性或品质	Robertson et al.（2005，p. 146）
对系统所提供服务或功能的约束，包括时间约束、开发过程的约束和标准的约束。非功能需求通常作用于整个系统，而不仅仅适用于单个系统功能或服务	Somerville（2007，p. 119）

非功能需求还有另外的三方面因素，使情况更加复杂。

首先，非功能需求（NFR）可能是主观的，因为可由不同的人对其进行不同的看待、解释和评价。由于非功能需求的描述经常是简要且含糊的，这个问题就更加复杂了（Chung et al.，2000，p. 6）。

其次，非功能需求还可以是相对的，因为非功能需求的解释和重要性会因所考虑的特定系统而有所区别。非功能需求的实现程度也可以是相对的，因为我们能够改进现有方法来实现目标。基于上述原因，“一个解决方案适用于所有情况”的方法并不合适。(Chung et al.，2000，pp. 6-7)

最后，非功能需求通常相互作用，试图实现一项非功能需求可能会降低也可能会提高其他非功能需求的实现水平。待批准①的非功能需求对系统具有全局影响，局部解决方案还不够（Chung et al.，2000，p. 7）。

非功能需求的交互作用是一个极其重要的问题。提出非功能需求规范的一个重要步骤是，解决相互作用的非功能需求之间的冲突。与功能需求相比，非功能需求具有较多的相关性，在大多数系统中，需要对各种主要的非功能需求进行权衡。甚至可以说，不同的非功能需求之间存在内在矛盾，例如性能常常会影响维修性和可重用性（Ebert，1998，p. 178）。

根据上述定义和条件，实践人员可以很容易地知道，非功能需求具有以下基本特征，并且这些特征都是由定义什么、什么类型或多少的形容词表征的：

（1）定义系统应该具有的特性或质量；

（2）可以是主观的、相对的和相互作用的；

① 译注：原文 SAs 并没有给出解释，这里按照“subject to approval”理解。

(3) 描述系统如何运行得好;

(4) 是与整个系统相关联的。

负责系统设计的实践人员可以从识别、组织、分析和细化非功能需求的结构化方法中获益，进而支持设计活动（Cleland Huang et al.，2007；Cysneiros et al.，2004；Gregoriades et al.，2005；Gross et al.，2001；Sun et al.，2014)。

正是因为非功能需求描述了重要的且非常关键的需求，因此需要一种规范的、结构化的方法来识别、组织、分析和细化这类需求，并将其作为系统设计的一个显著要素。非功能需求包括范围广泛的系统需求，它们在系统架构的早期开发中起着关键作用（Nuseibeh，2001)。如果未能在系统设计早期正式确定和说明非功能需求，则在系统寿命周期的后期阶段可能要付出高昂代价。事实上，未能满足非功能需求可能意味着整个系统无法使用（Somerville，2007，p. 122)。

3.2.3 非功能需求的结构

非功能需求的现状表明：

(1) 没有一个统一的、各方一致认可的正式定义;

(2) 没有一个完整的清单;

(3) 没有一个通用的分类模式、框架或分类法。

3.3节将提出一份具有适当正式定义的非功能需求清单；3.4节将回顾与非功能需求通用分类模式、框架或分类法相关的工作和研究；3.5节推荐一个概念模型，用于理解系统设计中的主要非功能需求。

3.3 非功能需求的识别和组织

本节确定和定义与系统相关的主要非功能需求。非常重要的一点是，非功能需求贯穿于系统从概念到退役和报废的整个寿命周期，每项非功能需求都有一定的重要时期，并有自己的专家、关注人员和推动人员。

在开创性著作《工程系统：在复杂技术世界中满足人类需求》中，麻省理工学院的de Weck等（2011年）讨论了非功能需求与所谓“能力”（ility）之间的关系。

在计算机科学中，“ility”是作为非功能需求来讨论的（de Weck et al.，2011，p. 196)。“Ility”是通常以后缀“ility”结尾的系统需求，如灵活性、维修性。系统特性不一定是基本功能或约束集的一部分，有时甚至不在需求中

(de Weck et al. , 2011, p. 187)。

在关于系统寿命周期特性的章节中，de Weck 等（2011 年）将非功能需求、寿命周期特性或“ility”的日趋增多归因于现代系统的复杂性、部署规模大，以及普遍存在的副作用。他们对四项系统经典“ilities”的拓展历史进行了极好的讨论，即由安全性、质量、易用性及可靠性，发展到当今大量出现的系统“ilities”。事实上，系统工作中采用的公认“ilities”超过了 200 项。表 3.5 按字母顺序列出了软件系统工程中所使用的 161 项非功能性需求 (Chung et al. , 2000, p. 160)。

表 3.5 Chung 等的非功能需求清单

可达性	服务退化	模块化	保密安全性
责任	可信性	自然性	灵敏度
准确性	开发成本	可切换性	相似性
适应性	开发时间	可观测性	简单性
可增加性	分布性	非峰值性能	软件成本
可调整性	多元性	可操作性	软件生产时间
经济可负担性	领域分析成本	使用成本	空间有界性
敏捷性	域分析时间	峰值性能	空间性能
可审计性	效率	可执行性	特异性
可用性	可松弛性	性能	稳定性
缓冲区空间性能	可增强性	计划成本	标准化
能力	可演化性	计划时间	主体性
容量	执行成本	可塑造性	保障性
清晰性	可扩展性	可移植性	保证
代码空间性能	外部一致性	精确性	生存性
内聚性	容错性	可预测性	脆弱性
通用性	可行性	过程管理时间	持续性
沟通成本	灵活性	可生产性	测试性
沟通时间	正式性	项目稳定性	测试时间
兼容性	一般性	项目跟踪成本	吞吐量
完整性	指导性	及时性	时间性能
部件集成成本	硬件成本	原型成本	时效性
部件集成时间	影响可分析性	原型开发时间	公差
可组合性	独立性	可重构性	追溯性

续表

可 达 性	服 务 退 化	模 块 化	保密安全性
可理解性	信息性	可恢复性	可训练性
概念化	检查成本	可回收性	可转换性
简洁性	检查时间	再工程成本	透明度
保密性	完整性	可靠性	可理解性
可配置性	互操作性	可重复性	均匀性能
一致性	内部一致性	可替换性	统一性
可控性	直观性	可复制性	易用性
协调成本	可学习性	响应时间	用户友好性
协调时间	主内存性能	可响应性	有效性
正确性	维修性	退役成本	可变性
成本	维修成本	可重用性	验证性
耦合性	维修时间	风险分析成本	多用性
客户评价时间	成熟性	风险分析时间	可视性
客户忠诚度	平均性能	稳健性	可包装性
可定制性	可测量性	安全性	
数据空间性能	可移动性	可扩展性	
可分解性	可修改性	辅助存储性能	

表 3.6 中给出了表 3.5 中未包含的另外 38 项非功能需求，这些需求源自现有文献（Mairiza et al.，2010，p. 313）。最后，表 3.7 列出了没有明确来源的 19 项非功能需求。

表 3.6 Mairiza 等的非功能需求

可 分 析 性	可 调 试 性	抗 扰 性	服 务 质 量
匿名性	可防御性	可安装性	可读性
原子性	可验证性	完整性	自描述性
吸引力	耐久性	易辨性	结构性
可增强性	有效性	相似性	适用性
确定性	可综合性	可定域性	可剪裁性
可变性	可扩展性	可拓展性	可信赖性
沟通性	表现力	功能性	可行性
复杂性	可管理性	隐私	
一致性	性能	可证明性	

表3.7 无明确出处的非功能需求

退化性	异质性	可复现性
可部署性	同质性	弹性
确定性	互换性	安全性
报废性	制造性	服务性
分布性	生产性	多用性
可扩展性	可修复性	
保真度	可重复性	

对上述218项非功能需求的回顾包括了几乎所有可以想象到的“能力”(ility)。对表3.5、表3.6和表3.7中列出的所有218项非功能需求分别进行逐项说明是不切实际的。实际从业人员应该意识到，由于不断需要利用新的寿命周期特性来对系统进行评价、约束和度量，非功能需求清单会不断地增减。需要注意的一点是，尽管许多需求文档中没有明确包含上述需求，但在系统设计活动中，以上200多项非功能需求中的每一项通常都发挥着重要的作用。在大多数情况下，当从一系列设计备选方案中进行选择时，非功能需求就会作为选择标准。

下一节将回顾与非功能需求通用分类模式、框架或分类法形成相关的历史工作和研究。

3.4 非功能需求的分类

识别和组织非功能需求的研究始于1976年，并一直持续到今天。本节将回顾非功能需求的一些主要分类模型。

3.4.1 Boehm的软件质量倡议

Barry Boehm与两位同事进行了一项研究（Boehm et al., 1976)，并得出了软件质量的23项非功能特征，将它们排列在一个层次树中，树中较低层次的分支中包含了较高层次特征的子特征。在图3.1所示的模式中，较低层级的特征是必要的，但不足以实现较高层级的特征。

3.4.2 罗马航空发展中心的质量模型

1978—1985年，美国空军罗马航空发展中心开发了许多模型，下面介绍其中三个模型。

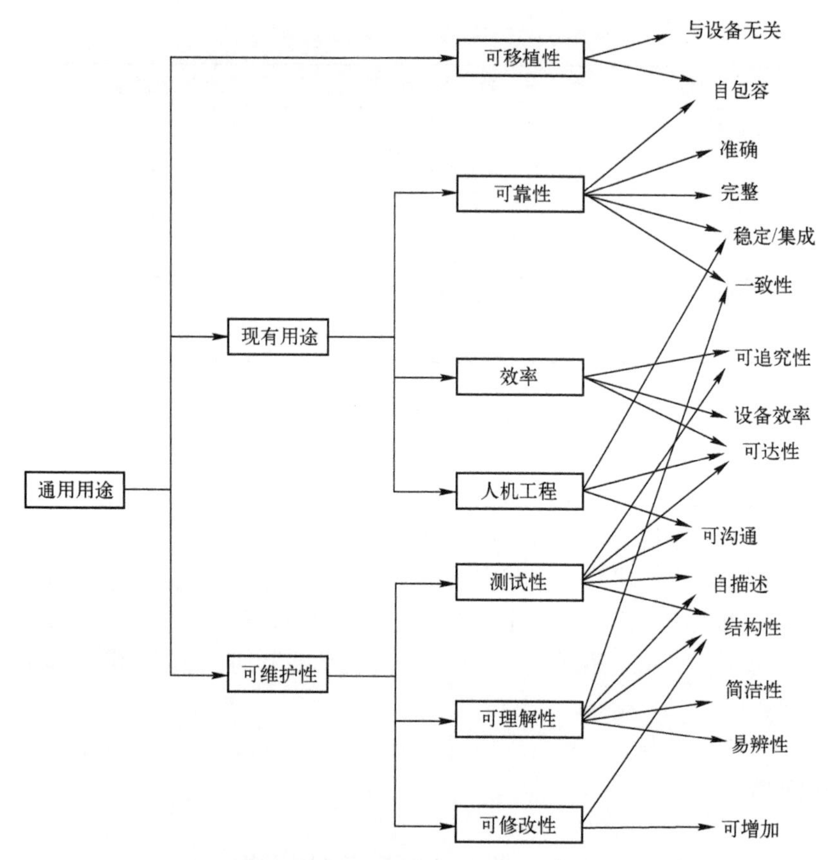

图 3.1 软件质量特性树（Boehm et al.，1976，p. 595，Fig. 1）

1. Cavano 和 McCall 的模型

Cavano 和 McCall（1978 年）进行了一项研究，按寿命周期阶段组织了 11 项非功能质量因素，并认为它们在寿命周期各个阶段对完成开发的系统最为重要。该研究的主要目的是弥合用户与开发人员之间的鸿沟，确保用户视图的映射模型能包含软件系统开发组织的优先信息。开发组织的三个视角与主要问题是：产品修订，更正错误和添加修订有多容易？产品移交，适应技术环境变化的难易程度？产品使用/运行，系统运行情况如何？图 3.2 描述了三个视角、11 项非功能质量因素以及相关问题。

2. McCall 和 Masumoto 的因子模型树

McCall 及其同事 Mike Masumoto 在 James P. Cavano 的指导下，继续进行非功能质量需求方面的工作，并开发了软件质量度量手册（McCall et al.，1980）。他提出的质量-因子树如图 3.3 所示。

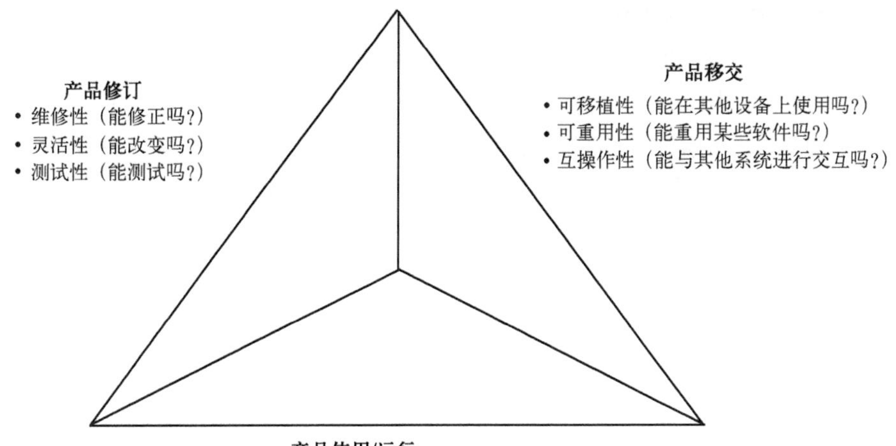

图3.2 软件质量因素（Cavano et al.，1978，p. 136，Fig. 2）

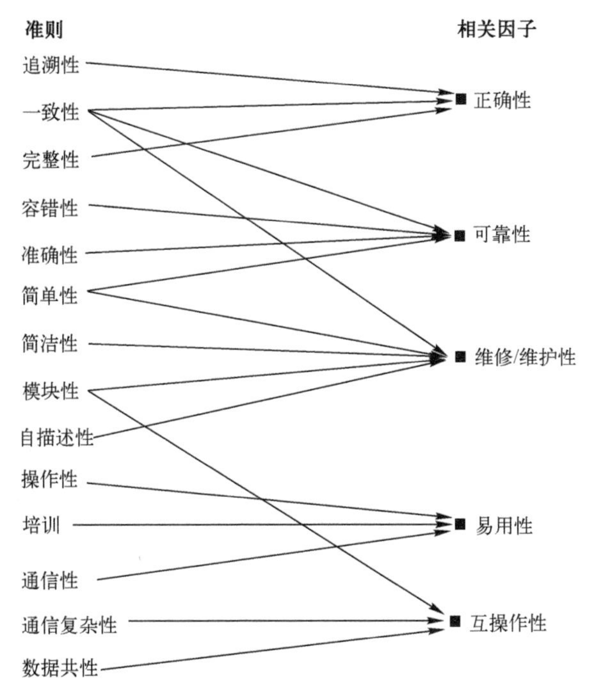

图3.3 美国空军质量-因子树（McCall et al.，1980，p. 24）

3. 软件质量评估指南

关于软件质量的最后工作是在1982—1984年期间完成的，研究成果是《软件质量评价指南》第3卷（Bowen et al.，1985）。该指南提供了一套全面的程序和技术，使数据收集人员能够将质量指标应用于软件产品，并评估达到的质量水平。相关模型有3个采办关注项、13个质量因素、29个标准、73个指标及300多个指标要素。表3.8给出了采办关注问题、质量因素及标准之间的关系。

表3.8 软件质量评估指南模型

<table>
<tr><th>系统需求因素与采办关注问题</th><th>质量因素和用户关注问题</th><th>标　准</th></tr>
<tr><td rowspan="16">性能因素属性——功能执行情况如何</td><td rowspan="3">效率——对资源的运用有多好</td><td>效能——沟通</td></tr>
<tr><td>效能——处理</td></tr>
<tr><td>效能——储存</td></tr>
<tr><td>完整性——安全程度如何</td><td>系统可访问性</td></tr>
<tr><td rowspan="3">可靠性——对完成工作的置信度</td><td>精度</td></tr>
<tr><td>异常管理</td></tr>
<tr><td>简单性</td></tr>
<tr><td rowspan="5">生存性——在不利条件下的表现如何</td><td>异常管理</td></tr>
<tr><td>自主性</td></tr>
<tr><td>分布性</td></tr>
<tr><td>模块化</td></tr>
<tr><td>可重构性</td></tr>
<tr><td rowspan="2">易用性——使用起来有多容易</td><td>可操作性</td></tr>
<tr><td>训练</td></tr>
<tr><td rowspan="12">设计因素属性——设计的有效性如何</td><td rowspan="3">正确性——符合需求的程度如何</td><td>完整性</td></tr>
<tr><td>一致性</td></tr>
<tr><td>追溯性</td></tr>
<tr><td rowspan="5">维修性——修复起来有多容易</td><td>一致性</td></tr>
<tr><td>模块化</td></tr>
<tr><td>自描述性</td></tr>
<tr><td>简单性</td></tr>
<tr><td>可视性</td></tr>
<tr><td rowspan="4">可验证性——验证其性能有多容易</td><td>模块化</td></tr>
<tr><td>自描述性</td></tr>
<tr><td>简单性</td></tr>
<tr><td>可视性</td></tr>
</table>

续表

系统需求因素与采办关注问题	质量因素和用户关注问题	标　准
适应因素属性——适应能力如何	可扩展性——扩展或升级其功能或性能有多容易	可增强性
		一般性
		模块化
		自描述性
		简单性
		虚拟
	灵活性——更改起来有多容易	一般性
		模块化
		自描述性
		简单性
	互操作性——与另一个系统交互有多容易	通用性
		功能重叠
		独立性
		模块化
		系统兼容性
	可移植性——传输起来有多容易	独立性
		模块化
		自描述性
	可重用性——转换为在另一个应用程序中使用有多容易	应用程序独立性
		文档可访问性
		功能范围
		一般性
		独立性
		模块化
		自描述性
		简单性
		系统清晰性

3.4.3　FURPS 和 FURPS+模型

FURPS 模型由 Robert Grady 和 Deborah Caswell 首次提出（Grady et al.，1987）。“FURPS”是五类关注领域的首字母缩略词，即功能性、易用性、可

靠性、性能、保障性。最初的 FURPS 模型后来扩展到可用于各种特定属性（Grady，1992，p. 32），并重新命名为 FURPS+。FURPS+涉及的属性如表 3.9 所示（Grady，1992，p. 32），它的要素能够反映表 3.5、表 3.6 和表 3.7 中列出的许多非功能需求。

表 3.9　FURPS 模型类别和属性

类　别	属　性	类　别	属　性
功能性	特征集	性能	速度
	能力		效率
	一般性		资源消耗
	安全		吞吐量
易用性	人因		响应时间
	美学	保障性	测试性
	一致性		可扩展性
	文档		适应性
可靠性	故障频率/严酷度		维修/维护性
	可恢复性		兼容性
	可预测性		可配置性
	精度		可服务性
	平均失效间隔时间		可安装性
			本地化

3.4.4　Blundell、Hines 和 Stach 的质量度量

密苏里大学堪萨斯分校的 James K. Blundell、Mary Lou Hines 和 Jerrold Stach（Blundell et al.，1997）开发了一个非常详细的非功能质量度量模型，包含 39 项质量度量，它们与 18 个特征相关，特征与 7 个关键设计属性相关。表 3.10 给出了 7 个关键设计属性。

表 3.10　关键设计属性

设计属性	属性描述
内聚性（COH）	单一模块的函数的奇异性
复杂性（COM）	模块内部的复杂性
耦合（COU）	模块间连接的简单性

续表

设 计 属 性	属 性 描 述
数据结构（DAS）	基于功能需求的数据类型
模块内复杂性（ITA）	模块内部的复杂性
模块间复杂性（ITE）	模块之间的复杂性
标记选择（TOK）	程序代码中不同词法标记的数目

关键设计属性与软件系统中 18 个期望特征相关，表 3.11 给出了这种关系。18 个期望特征与 39 项质量度量或能力（ility）之间的关系如表 3.12 所示。

该模型最吸引人的特点是，39 项非功能质量度量与 7 个关键设计属性（内聚性、复杂性、耦合、数据结构、模块内复杂性、模块间复杂性及标记选择）之间的关系。模型的最大不足是 39 项非功能质量度量既没有组织也没有关联，用户需要处理大量关系。

表 3.11 设计属性和期望特征之间的关系

#	特 征	COH	COM	COU	DAS	ITA	ITE	TOK
1	简洁性		√	√	√	√	√	√
2	易于变更	√	√	√	√		√	√
3	易于检查一致性		√			√	√	
4	易于与其他系统耦合		√	√			√	
5	易于引入新功能	√	√	√			√	
6	易于测试	√	√	√	√	√	√	√
7	易于理解	√	√	√	√	√	√	√
8	不犯错误	√	√		√	√	√	√
9	模块功能独立性	√		√		√	√	
10	精确计算				√	√		√
11	精确控制	√			√	√		√
12	最短循环		√		√	√		√
13	最简算术运算符		√			√		√
14	最简数据类型		√		√	√	√	
15	最简逻辑		√		√	√		√
16	标准数据类型				√	√		
17	易于维护	√	√	√	√	√	√	√
18	功能规范符合		√	√				

表 3.12　期望特征与质量度量之间的关系

#	质量度量	相关期望特征	#	质量度量	相关期望特性
1	精度	8，10，11	21	互操作性	4
2	适应性	5	22	维护性	2，6，7，17
3	可审计性	3	23	可修改性	2
4	可用性	未列出	24	模块化	9
5	可变性	2	25	可操作性	7
6	完备性	18	26	可移植性	17
7	简洁性	10	27	可靠性	18
8	一致性	未列出	28	可重用性	4，7.9
9	正确性	8，18	29	稳健性	18
10	数据通用性	14，16	30	安全	未列出
11	可信性	=可靠性，18	31	自记录	7
12	效率	4，9，12，13，14，15，16	32	简单性	7
13	容错	未列出	33	保障性	2
14	可扩展性	2	34	测试性	6
15	灵活性	2	35	追溯性	7
16	功能性	18	36	可传输性	=可移植性，17
17	一般性	4，9	37	可理解性	7
18	硬件独立性	未列出	38	易用性	未列出
19	人因	未列出	39	效用	未列出
20	完整性	未列出			

3.4.5　Somerville 的分类架构

Ian Somerville 是专业教材《软件工程》（Somerville，2007）的作者，他提出了非功能需求的一种分类模式，将需求分为三大类，包括产品需求、组织需求、外部需求，模型如图 3.4 所示。

Somerville 的架构并没有给出模型开发工作的深入说明，但为三项顶层需求提供了以下指导：

（1）产品需求，这类需求规定了产品的行为；

（2）组织需求，这类需求源自客户和开发商组织的政策和程序；

（3）外部需求，这一宽泛的标题涵盖了从系统和开发过程的外部因素派生的所有需求（Somerville，2007，p. 123）。

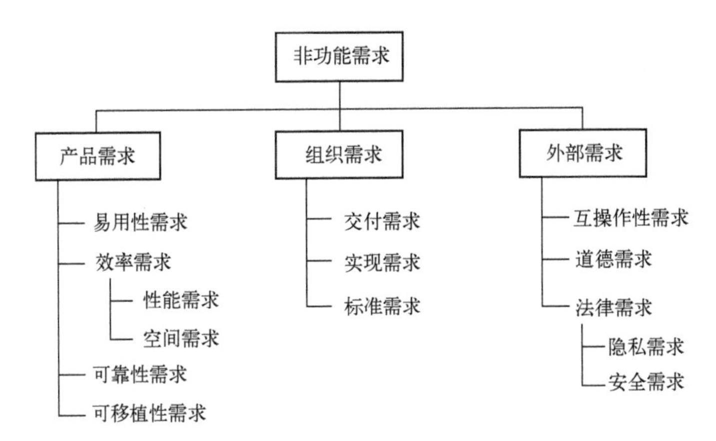

图 3.4　Somerville 的非功能需求分类架构（Somerville，2007，p. 122）

Somerville 指出，非功能需求可能很难验证，但是只要有可能，则应定量编写需求，以便能够客观测试（Somerville，2007，p. 124）。

3.4.6　国际标准

作为软件和系统质量计划的一部分，非功能需求已在相关国际标准中得到阐述。早期的 ISO/IEC 9126（ISO/IEC 1991）及其替代标准 ISO/IEC 25010（ISO/IEC 2011）都包含了非功能需求、定义以及应如何作为系统工作的一部分对其进行度量。表 3.13 列出了最新版系统质量国际标准（ISO/IEC 25010：系统和软件工程系统—系统和软件质量需求与评价—系统和软件质量模型）所涵盖的非功能需求。该标准有八个主要特征，每一特征均有一组支撑性子特征。

表 3.13　ISO/IEC 25010 中的非功能需求

特　征	子　特　征
（1）功能适用性——在规定条件下使用时，产品能够提供满足明确声明和暗示需要的功能的程度	适当性
	完备性
	正确性
（2）可靠性——系统或部件在规定的条件下、在规定时间内执行规定功能的程度	可用性
	容错
	可恢复性
	成熟性

续表

特　征	子 特 征
（3）易用性——在特定条件下使用时，产品属性能被理解、学习、使用并吸引用户的程度	可达性
	适当性
	可学习性
	可操作性
	用户错误保护
	用户界面美观性
（4）性能效率——在规定条件下相对于所用资源量的性能	时间行为
	资源利用
（5）安全性——信息和数据的保护程度，使得未经授权的人员或系统不能读取或修改，而获得授权的人员或系统则能够访问	保密性
	完整性
	不可否认性
	可追责性
	可核实性
（6）兼容性——两个或多个系统或部件在共享同一硬件或软件环境的情况下，能够交换信息和/或执行所需功能的程度	共存性
	互操作性
（7）维护性——产品可修改的效能和效率	可分析性
	可修改性
	模块化
	重用性
	测试性
（8）可移植性——一个系统或部件能有效地从一个硬件、软件或其他操作和使用环境转移到另一个环境的程度	适应性
	可安装性
	可替换性

3.4.7　非功能需求的提取

理解非功能需求，即需要设计团队将系统领域理解为正式的需求征询过程的一部分。非功能需求的正式提取过程有两个来源：软件工程中的非功能需求（Chung et al.，2000）；软件需求视角一部分（Cysneiros et al.，2004）。尽管这两个来源的名称中都有“软件”一词，但它们均提供了关于理解和处理非功能需求的详细技术，可以作为更大系统设计过程的一部分。

3.5 节将推荐一个概念模型，用于理解系统设计中的主要非功能需求。

3.5　理解系统设计中主要非功能需求的概念性框架

本节将提出一个概念性模型，用于理解系统设计中的主要非功能需求，模型的主要基础是前述相关工作。由于在一次讨论中对前面提出的每项非功能需求均进行处理是不现实的，因此有必要将其减少到一个可管理的数量，数量减少后的非功能需求要能充分反映在所有重大系统的设计工作中必须解决的主要的非功能需求。

3.5.1　非功能需求分类模式的合理化

第一步就是依据现有文献理顺非功能需求的分类模式。表 3.14 通过比较类别或因素的特征数量，将八个分类模式（或模型）进行了关联，并列出了可纳入概念性框架作为非功能需求的特有类型、因素或准则的数量。采用这种方式，大量的非功能需求减少到了 209 个。

表 3.14　功能需求和主要分类模型

模　型	类别或因素	标　准	合　计
Boehm et al.（1976）	8	16	24
Cavano et al.（1978）	—	11	11
McCall et al.（1980）	5	14	19
Bowen et al.（1985）	13	23	36
Grady et al.（1987）；Grady（1992）	4	19	23
Blundell et al.（1997）	6	38	44
Somerville（2007）		14	14
ISO/IEC 25010（2011）	8	30	38
合计	44	165	209
特有项目			96

如果仅考虑八个分类模型间的特有类别、因素或准则，现存文献中的非功能需求数量可从 209 个减少到 96 个。

3.5.2　特有的非功能需求

对 7 个历史模型中每一项标准进行分析表明，并非所有标准都是普遍适用的，表 3.15 给出了 8 个模型所含标准的频率。

关于表 3.15 中哪些标准要考虑纳入概念性框架的决策要借助于最后一项

工作，即审查96个非功能需求标准中的正式定义。

表3.15 非功能需求模型中的标准及其频率

模型频率	标准
8	可靠性
7	维护性、易用性
6	效率、互操作性、可移植性
5	准确性、完备性、一致性、正确性、完整性、测试性
4	模块化、可操作性、重用性
3	可访问性、适应性、兼容性、简洁性、灵活性、人因、可修改性、自描述性、简单性、追溯性
2	可追责性、适当性、可扩展性、可用性、清晰性、沟通性、数据通用性、文档、容错性、可扩展性、功能性、通用性、独立性、性能、可恢复性、稳健性、安全性、保障性、可培训性、可理解性
1	美观性、可分析性、异常管理、可审核性、真实性、自主性、可变性、共存性、内聚性、通用性、通信复杂性、复杂性、保密性、耦合性、数据结构、可交付性、可信性、设备效率、设备独立性、分布性、有效性、伦理、可扩展性、容错性、功能重叠、功能范围、可实现性、可安装性、可学习性、易辨性、立法（即法律）、成熟度、平均故障前时间、不可否认性、性能效率、可预测性、隐私性、可重配置性、可替换性、资源消耗、资源利用率、响应时间、安全性、自容性、自文档、故障严酷度、标准化（即标准）、结构化、生存性、吞吐量、时间行为、时间性能（即速度）、标记选择、用户错误保护、用户界面美观性、可验证性、虚拟性、可见性、空间有界性（即空间）、空间性能（即空间）

3.5.3 最常用非功能需求的正式定义

表3.16按字母顺序给出了IEEE 24765（系统和软件工程—术语）中出现频率为3次或以上的24个非功能需求标准的正式定义①。表中还包括了出现频率为2的三项以及出现频率为1的三项非功能需求的定义（带*标注），并认为这六项非功能需求标准应该列入最终清单。注意，IEEE 24765并没有给出完备性和人因的定义，将其从考虑的非功能需求属性最终清单中删除。

表3.16 最常见非功能需求的正式定义

标准（频率）	正式定义
准确性（5）	（1）对正确性或没有错误的定性评估。 （2）误差大小的定量测量（IEEE et al.，2010，p. 6）

① 同时还使用了IEEE标准的在线版本，用SE VOCAB表示。

续表

标准（频率）	正式定义
适应性（3）	产品或系统能够有效适应不同或不断发展的硬件、软件或其他操作和使用环境的程度（SE VOCAB）
可用性（2）*	（1）需要时系统或部件可使用和可访问的程度。 （2）部件或服务在规定时刻或规定时间段内能执行所需功能的能力（IEEE et al.，2010，p. 29）
兼容性（3）	（1）两个或多个系统或部件在共享同一硬件或软件环境的情况下执行所需功能的程度。 （2）两个或多个系统或部件交换信息的能力（IEEE et al.，2010，p. 62）
完备性（5）	无定义
简洁性（3）	利用最少代码实现功能的软件属性（IEEE et al.，2010，p. 69）
一致性（5）	（1）文档、系统零件或部件之间的统一性、标准化和不矛盾的程度。 （2）提供统一设计和实现技术及符号一致的软件属性（IEEE et al.，2010，p. 73）
正确性（5）	在系统或部件的规范、设计及实施中无错误的程度（IEEE et al.，2010，p. 81）
效率（6）	（1）系统或部件以最小资源消耗执行指定功能的程度。 （2）以最少的额外或重复工作产生结果（IEEE et al.，2010，p. 120）
可扩展性（1）*	修改系统或部件以增加其存储或功能容量的容易程度。同义词：扩充性（expandability）（IEEE et al.，2010，p. 136）
灵活性（3）	系统或部件可以很容易修改，以便在并非专门设计的应用或环境中使用。同义词：适应性（adaptability）、延伸性（extendability）、维护性（maintainability）（IEEE et al.，2010，p. 144）
人因（3）	无定义
完整性（5）	系统或部件能够阻止对计算机程序或数据未经授权的访问或修改的程度（IEEE et al.，2010，p. 181）
互操作性（6）	两个或多个系统或部件交换信息以及应用已交换信息的能力（IEEE et al.，2010，p. 186）
维修性（7）	硬件系统或部件保持或恢复到能够执行所需功能的状态的容易程度（IEEE et al.，2010，p. 204）
可修改性（3）	在不引入缺陷的情况下改变系统的容易程度。同义词：维护性（IEEE et al.，2010，p. 222）
模块化（4）	（1）系统或计算机程序由离散部件组成的程度，使得一个部件的更改对其他部件的影响最小。 （2）提供高度独立组件结构的软件属性（IEEE et al.，2010，p. 223）
可操作性（4）	能够执行预期功能的状态（IEEE et al.，2010，p. 240）
可移植性（6）	系统或部件从一个硬件或软件环境迁移到另一个硬件或软件环境的容易程度（IEEE et al.，2010，p. 261）

续表

标准（频率）	正 式 定 义
可靠性（8）	系统或部件在规定条件下、规定时间内执行所需功能的能力（IEEE et al.，2010，p. 297）
可重用性（4）	资产可用于多个软件系统，或用于构建其他资产的程度（IEEE et al.，2010，p. 307）
稳健性（2）*	存在无效输入或应力环境条件下，系统或部件能够正常工作的程度。同义词：容差、容错（IEEE et al.，2010，p. 313）
安全性（1）*	系统在规定条件下不会导致人员生命、健康、财产或环境受到威胁的期望（IEEE et al.，2010，p. 315）
自描述性（3）	（1）系统或部件包含足够信息来解释其目标和特性的程度。 （2）解释功能实现的软件属性。近义词：维护性、测试性、易用性（IEEE et al.，2010，p. 322）
简单性（3）	（1）系统或部件的设计和实现是直观且可理解的程度。 （2）以最容易理解的方式提供功能实现的软件属性（IEEE et al.，2010，p. 327）
生存性（1）*	产品或系统在受到攻击的情况下，能够通过及时提供基本服务继续完成任务的程度，参见可恢复性（SE VOCAB）
测试性（4）	（1）设计客观且可行测试来确定满足需求的程度。 （2）确立测试准则并执行测试来确定满足这些准则的要求的程度（IEEE et al.，2010，p. 371）
追溯性（3）	（1）开发过程中，在两个或多个产品之间建立关系的程度，特别是相互之间具有前后关系或主从关系的产品。 （2）工作产品层次结构中工作产品的派生路径（向上）、分配或向下路径（向下）的标识和文档（IEEE et al.，2010，p. 378）
可理解性（2）*	在系统组织层次和详细语句层次上理解系统的容易程度。注：与可读性相比，可理解性还与和系统一致相关（IEEE et al.，2010，p. 385）
易用性（7）	用户可以学习操作、准备输入和解释系统或部件输出的容易程度（IEEE et al.，2010，p. 388）

对定义的核查表明，可操作性并非独特存在，实际上包含在可用性定义之中。因此，将可操作性从最常见的非功能需求清单中删除，最后保留了 27 个独特的非功能需求。

3.5.4 系统非功能需求的概念性分类

上述选择将 27 项非功能需求纳入概念性分类法中。虽然这不是一个完整的清单，但能够代表在所有系统设计过程中应考虑的主要的非功能需求和相关准则或标准。

基于这些非功能需求及准则的定义、这些定义如何支持准则集合所反映的考虑因素，将 27 项非功能需求布局在概念的分类体系或框架下。例如，适应性这一考虑因素可以与可扩展性、可移植性及可重用性等准则相关联。类似的关系可用来构建非功能需求分类法的最终框架。

非功能需求分类法的最终框架包含四大方面的考虑因素，包括系统设计问题、系统适应性问题、系统可行性问题、系统维持/保障问题。图 3.5 给出了四个方面系统关注问题以及在系统寿命周期中考虑的 27 项非功能需求之间的关系。

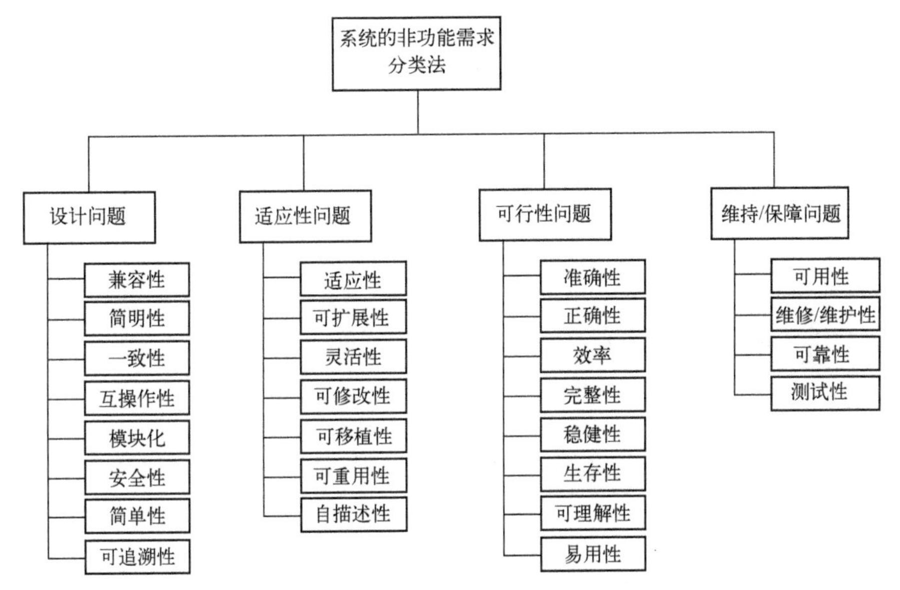

图 3.5　系统非功能需求的分类法

3.5.5　非功能需求分类法在系统中的应用

非功能需求分类体系应用于系统，需要一个过程来衡量对非功能需求的实现能力。按照 Fenton 和 Pfleeger（1997）提出的度量原理，必须首先获取关于每项属性的特定信息，同时还需要一组能将图 3.5 中的非功能需求属性与特定度量和度量实体联系起来的结构映射。结构映射以 Budgen（2003）提出的框架为基础，表 3.17 给出了必需的四层结构及示例。

表 3.17　非功能需求属性度量的四级结构及属性

层　级	作　用	示　例
关注问题	能使系统实践人员根据广泛的关注问题而轻松对非功能需求进行分组的一种结构	设计

续表

层　级	作　用	示　例
属性	一种非功能需求，定义了系统应该做什么	简单性
指标	用来评价非功能需求的度量方法或技术	多样性
可度量特征	要度量特定系统特征	系统状态数

图 3.5 中的每项非功能需求属性应具有一个结构图，要清晰标识出测量方法或技术以及待测非功能需求的具体系统特征。

3.6 本章小结

本章给出了一系列非功能需求，需求定义了系统应该具有的一个或多个方面的特征。本章的大部分讨论都是希望限制系统开发过程中所必须处理的非功能需求的数量。虽然每项非功能需求都有其发起者，但为了对主要的非功能需求及其相关属性进行有意义地处理，这里的讨论对非功能需求的数量进行了限制。前几节的内容系统性地以合理的方式将 200 多项非功能需求减少到 27 项。如前所述，这不是一个完整的清单，但它能够代表在所有系统设计过程中应考虑的主要非功能需求和相关标准。此外，本章还采用了必要的简约原则(Miller，1956)，27 项非功能需求在包含四类考虑因素的系统非功能需求分类体系之中。最后，给出了一个四层次框架，可阐述 27 项非功能需求的每一属性及其可度量特征。

本书的第 2 部分将分两章讨论系统设计工作中与系统维持/保障考虑因素相关的非功能需求的技术细节。

参考文献

Blundell, J. K., Hines, M. L., & Stach, J. (1997). The measurement of software design quality. *Annals of Software Engineering, 4*(1), 235–255.

Boehm, B. W., Brown, J. R., & Lipow, M. (1976). Quantitative evaluation of software quality. In R. T. Yeh & C. V. Ramamoorthy (Eds.), *Proceedings of the 2nd International Conference on Software Engineering* (pp. 592–605). Los Alamitos, CA: IEEE Computer Society Press.

Bowen, T. P., Wigle, G. B., & Tsai, J. T. (1985). *Specification of software quality attributes: Software quality evaluation guidebook* (RADC-TR-85-37, Vol. III). Griffiss Air Force Base, NY: Rome Air Development Center.

Budgen, D. (2003). *Software design* (2nd ed.). New York: Pearson Education.

Buede, D. M. (2000). *The engineering design of systems: Models and methods*. New York: Wiley.

Cavano, J. P., & McCall, J. A. (1978). A framework for the measurement of software quality.

SIGSOFT Software Engineering Notes, 3(5), 133–139.

Chung, L., Nixon, B. A., Yu, E. S., & Mylopoulos, J. (2000). *Non-functional requirements in software engineering*. Boston: Kluwer Academic Publishers.

Cleland-Huang, J., Settimi, R., Zou, X., & Solc, P. (2007). Automated classification of non-functional requirements. *Requirements Engineering, 12*(2), 103–120.

Cysneiros, L. M., & do Prado Leite, J. C. S. (2004). Nonfunctional requirements: From elicitation to conceptual models. *IEEE Transactions on Software Engineering, 30*(5), 328–350.

Cysneiros, L. M., & Yu, E. (2004). Non-functional requirements elicitation. In J. do Prado Leite & J. Doorn (Eds.), *Perspectives on Software Requirements* (Vol. 753, pp. 115–138). Norwell: Kluwer Academic.

de Weck, O. L., Roos, D., & Magee, C. L. (2011). *Engineering systems: Meeting human needs in a complex technological world*. Cambridge: MIT Press.

Ebert, C. (1998). Putting requirement management into praxis: dealing with nonfunctional requirements. *Information and Software Technology, 40*(3), 175–185.

Fenton, N. E., & Pfleeger, S. L. (1997). *Software metrics: A rigorous & practical approach* (2nd ed.). Boston: PWS Publications.

Grady, R. B. (1992). *Practical software metrics for project management and process improvement*. Englewood Cliffs, NJ: Prentice-Hall.

Grady, R. B., & Caswell, D. (1987). *Software metrics: Establishing a company-wide program*. Englewood Cliffs: Prentice-Hall.

Gregoriades, A., & Sutcliffe, A. (2005). Scenario-based assessment of nonfunctional requirements. *IEEE Transactions on Software Engineering, 31*(5), 392–409.

Gross, D., & Yu, E. (2001). From non-functional requirements to design through patterns. *Requirements Engineering, 6*(1), 18–36.

IEEE. (1998a). *IEEE Standard 830—IEEE recommended practice for software requirements specifications*. New York: Institute of Electrical and Electronics Engineers.

IEEE. (1998b). *IEEE Standard 1233: IEEE guide for developing system requirements specifications*. New York: Institute of Electrical and Electronics Engineers.

IEEE, & ISO/IEC. (2008). IEEE and ISO/IEC Standard 15288: Systems and software engineering —system life cycle processes. New York and Geneva: Institute of Electrical and Electronics Engineers and the International Organization for Standardization and the International Electrotechnical Commission.

IEEE, & ISO/IEC. (2010). IEEE and ISO/IEC Standard 24765: Systems and software engineering —vocabulary. New York and Geneva: Institute of Electrical and Electronics Engineers and the International Organization for Standardization and the International Electrotechnical Commission.

ISO/IEC. (1991). ISO/IEC Standard 9126: Software product evaluation—quality characteristics and guidelines for their use. Geneva: International Organization for Standardization and the International Electrotechnical Commission.

ISO/IEC. (2011). ISO/IEC Standard 25010: Systems and software engineering—Systems and software quality requirements and evaluation (SQuaRE)—system and software quality models. Geneva: International Organization for Standardization and the International Electrotechnical Commission.

Kossiakoff, A., Sweet, W. N., Seymour, S. J., & Biemer, S. M. (2011). *Systems engineering principles and practice* (2nd ed.). Hoboken: Wiley.

Mairiza, D., Zowghi, D., & Nurmuliani, N. (2010). An investigation into the notion of non-functional requirements. In *Proceedings of the 2010 ACM Symposium on Applied Computing* (pp. 311–317). New York: ACM.

McCall, J. A., & Matsumoto, M. T. (1980). *Software quality measurement manual (RADC-TR-80-109-Vol-2)*. Griffiss Air Force Base, NY: Rome Air Development Center.

Miller, G. A. (1956). The magical number seven, plus or minus two: Some limits on our capability for processing information. *Psychological Review, 63*(2), 81–97.

Nuseibeh, B. (2001). Weaving together requirements and architectures. *Computer, 34*(3), 115–119.

Pfleeger, S. L. (1998). *Software engineering: Theory and practice*. Upper Saddle River, NJ: Prentice-Hall.

Robertson, S., & Robertson, J. (2005). *Requirements-led project management*. Boston: Pearson Education.

Somerville, I. (2007). *Software engineering* (8th ed.). Boston: Pearson Education.

Suh, N. P. (2005). Complexity in engineering. *CIRP Annals—Manufacturing Technology, 54*(2), 46–63.

Sun, L., & Park, J. (2014). A process-oriented conceptual framework on non-functional requirements. In D. Zowghi & Z. Jin (Eds.), *Requirements Engineering* (Vol. 432, pp. 1–15) Berlin: Springer.

Wiegers, K. E. (2003). *Software requirements* (2nd ed.). Redmond: Microsoft Press.

第二部分　保障考虑因素

第4章　可靠性和维修性

要想在系统寿命周期的使用和维修阶段实现系统和部件的有效保障/维持，就要求在系统寿命周期的设计阶段中采取具有特定目的或目标的措施。系统及其组成部件的可靠性和维修性是系统设计过程的一部分。可靠性和维修性是在部件层次和系统层次均存在的非功能需求，它们相互交织且相互关联。在系统层次结构的任何层次上，不当的可靠性和维修性设计都会产生深远的影响。理解设计过程中如何处理可靠性和维修性，以及每项非功能需求的正式指标及其度量过程的能力，在所有系统设计工作中都是不可或缺的。

4.1　可靠性和维修性引言

本章将讨论两大主题，即可靠性和维修性。首先回顾了可靠性及其基本理论、函数，以及构成其使用基础的概念，然后阐述如何将可靠性应用于工程设计以及确定部件可靠性的技术，最后给出了可靠性指标即可度量特征。

第二个主题是维修性，首先对维修性进行定义，并讨论了如何在工程设计中应用维修性，然后定义了维修周期中采用的术语，并将其应用于具体的维修性公式，随后介绍了维修和保障方案，这是系统寿命周期概念设计阶段的一个重要元素，最后给出了维修性指标及其可度量特征。

本章提出了一个具体的学习目标及相关支撑目标。本章的学习目标是能够识别可靠性和维修性属性在系统设计工作中是如何影响保障的，具体由以下子目标支撑：

（1）定义可靠性；

（2）描述可靠性函数及其相关概率分布；

（3）解释故障率和故障率浴盆曲线；
（4）确定部件可靠性模型及其在系统可靠性计算中的应用；
（5）描述在系统设计各阶段发生的可靠性过程；
（6）描述在系统设计中如何实现可靠性；
（7）描述故障模式、影响与危害性分析的12个步骤；
（8）构建能将可靠性与特定指标及可度量特征关联起来的结构图；
（9）定义维修性；
（10）明确在概念设计期间如何包含维修和保障方案；
（11）描述维修周期中使用的术语；
（12）构建能将维修性与特定指标及可度量特征关联起来的结构图；
（13）解释可靠性和维修性之间的关系。
通过掌握本章以下内容可实现上述目标。

4.2 可 靠 性

可靠性是每个系统的基本特征，可靠性几乎是每一主要工程学科都要实施的一个重要子学科，而且包含在所有工程、系统及部件的生产活动之中。称专门研究可靠性的工程师为可靠性工程师，表4.1列出了部分专注可靠性领域基础研究的学术刊物。

表4.1 可靠性学术期刊

名　　称	ISSN
国际可靠性、质量和安全工程	0218-5393
可靠性工程与系统安全	0951-8320
可靠性——理论与应用	1932-2321
国际质量与可靠性工程	1099-1638

以下各小节并不试图涵盖可靠性的各个方面，而是在一个非常基本的层面上讨论在系统相关工作中可靠性属性如何影响保障或维持（sustainment）。

4.2.1 可靠性定义

从系统工程的角度来看，可靠性的定义为：系统或部件在规定条件下、规定时间内执行所需功能的能力（IEEE et al.，2010，p.297）。

表4.2所列的其他定义可能有助于增进对可靠性的理解。

表 4.2　可靠性定义

定　义	出　处
产品在指定环境中以最短时间或最少周期/事件数执行指定功能的能力	Ireson et al.（1996，p. 1. 2）
在设计工作条件（如温度、负载、电压等）下，产品在规定时间段（设计寿命）内无故障正常工作或提供服务的概率	Elsayed（2012，p. 3）
产品在规定条件和规定时间内不发生故障且能够执行所要求功能的概率	O'Connor et al.（2012，p. 1）
系统在规定条件下和规定时间段内正确执行其功能的概率	Kossiakoff et al.（2011，p. 424）
系统或产品以令人满意的方式完成其指定任务的概率，或在规定使用条件下、在给定时间内以令人满意的方式执行任务的概率	Blanchard et al.（2011，p. 363）

仔细分析上述定义，其主要内容包括：

（1）概率——规定某一事件在试验总次数中预期发生次数的比例或百分比。

（2）满意的性能——部件或系统应满足的一组标准或准则。

（3）时间——能与系统或部件性能水平关联的量度（可靠性时间跨度）。

（4）规定工作条件——系统或部件所处的工作环境。

对可靠性的组成要素有一个定义和理解是一种很好的做法。但是，在系统或部件设计中运用可靠性工程会增加什么？简单来说，可靠性的目标按优先顺序排序为：

（1）运用工程知识和专业技术，预防或减少故障发生的可能性或频率。

（2）在努力预防故障的基础上，识别并排除导致故障的原因。

（3）如果不能排除故障原因，则确定应对故障的方法。

（4）应用各种方法估计新设计的可靠性，分析可靠性数据（OConnor et al.，2012，p. 2）。

明确了可靠性定义与可靠性工程的基本目标后，下面几节将讨论在系统工作中如何实现可靠性。

4.2.2　可靠性函数

可靠性与概率有关，基本的可靠性函数与简单的掷硬币有关。掷硬币时，有两种可能的结果，硬币正面朝上（H）或硬币反面朝上（T），其方程式是时间 t 的函数，如式（4.1）所示。

掷硬币的方程式：

$$H(t)+T(t)=1.0 \tag{4.1}$$

类似地，可靠性函数与可靠结果的概率 $R(t)$、失败结果的概率 $F(t)$ 相关，如式（4.2）所示。

可靠性与故障方程式：

$$R(t)+F(t)=1.0 \tag{4.2}$$

将式（4.2）改写为式（4.3），说明可靠性是故障概率 $F(t)$ 的函数①：

可靠性一般函数式：

$$R(t)=1-F(t) \tag{4.3}$$

部件的故障概率 $F(t)$ 可用概率密度函数来表示（$p.d.f$）。通过利用 $p.d.f$ 曲线下的面积，式（4.3）可改写为式（4.4），说明了概率密度函数与可靠性的关系。

基于概率密度函数的可靠性函数：

$$R(t)=1-\int_0^t (p.d.f)\,\mathrm{d}t \tag{4.4}$$

有很多概率密度函数可用于可靠性计算，如表 4.3 所示。

表 4.3　可靠性计算中采用的主要概率密度函数类型

概率密度函数类型	应用场合
泊松分布	大量样本中发生故障的概率非常低
正态分布（高斯分布）	故障概率在中位故障概率两侧的分布相等
对数正态分布（高尔顿分布）	故障概率表示为许多独立随机变量的乘积
威布尔分布	故障概率随时间推移增加，用于对因老化而磨损的寿命数据进行建模
指数分布	故障概率呈指数分布

可从统计手册中查询获得各种概率密度函数的表达式。例如将指数分布的 $p.d.f$ 代入式（4.4），则可靠性函数可表示为式（4.5）。

具有平均寿命和时间间隔的可靠性函数式：

$$R(t)=1-\int_0^t \left(\frac{1}{\theta}\mathrm{e}^{-t/\theta}\right)\mathrm{d}t \tag{4.5}$$

式中：θ 为部件的平均寿命；t 为评估时间周期。

为求解式（4.5），引入两个新术语，即故障率（λ），定义为 $\lambda=1/\theta$；平均故障间隔时间（MTBF），定义见表 4.4。

---

① 原文为 failure rate $F(t)$，实际上应该为故障或失效发生概率，这里译作故障概率（也可简称为故障率）。

表 4.4　MTBF 和 MTTF 的定义

术　语	定　义
平均故障间隔时间（MTBF）	预期的或观察到的系统或部件相邻故障之间的时间（IEEE et al., 2010, p. 209）
平均故障前时间（MTTF）	系统不可修复情况下两次连续故障之间的预期间隔时间（Elsayed, 2012, p. 67）

基于上述新术语，式（4.5）的解如式（4.6）所示。

基于 MTBF 和故障率的可靠性函数：

$$R(t) = \mathrm{e}^{-t/\mathrm{MTBF}} = \mathrm{e}^{-\lambda t} \tag{4.6}$$

当可靠性函数用于计算一段时间内大量相同部件的故障率时，则可观察到以下行为：由于部件薄弱或不合格、制造缺陷、设计错误和安装缺陷，样本在运行初期的故障率很高；随着故障部件的拆除，平均故障间隔时间增加，从而使得故障率降低。故障率持续下降（DFR）的周期是指早期故障区、试运行区、调试区（Elsayed，2012，pp. 15-16）。

与此现象相关的曲线称为浴盆曲线，如图 4.1 所示。

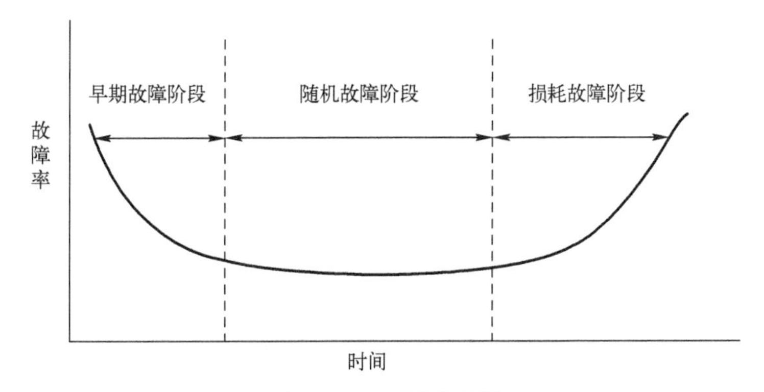

图 4.1　通用浴盆曲线

4.2.3　部件可靠性模型

在完成概念（可行性）和初步设计阶段之后，下一阶段就是详细设计。详细设计是将子系统分解为所需的组件、子组件、部件和零件，部件的具体关系和配置会直接影响系统可靠性。部件之间有三种基本关系可供选择，部件之间可以采取串联、并联或串并联组合的形式。下面讨论如何计算上述关系的可靠性。

1）串联关系

当采用图 4.2 所示的串联关系布置部件时，如果系统要按设计完成功能，则所有部件必须正常工作。

图 4.2　系统部件间的串联关系

图 4.2 所示部件的基本可靠性计算方法如式（4.7）所示。

三部件串联的可靠性函数：

$$R_{sys}=R_A R_B R_C \tag{4.7}$$

将式（4.6）代入式（4.7），可将故障率引入式（4.8）所示的可靠性函数中。

基于故障率的三部件串联可靠性函数：

$$R_{sys}=(e^{-\lambda_A t})(e^{-\lambda_B t})(e^{-\lambda_C t}) \tag{4.8}$$

假设部件 A 是射频接收器，部件 B 是放大器，部件 C 是射频发射器。射频接收器的可靠性为 0.9512，平均故障间隔时间为 6000h；放大器可靠性为 0.9821，平均故障间隔时间为 4500h；射频发射器的可靠性为 0.9357，平均故障间隔时间为 10000h；系统预计运行 1000h。

利用式（4.8）计算系统的整体可靠性：

$$R_{sys}=(0.9512)\times(0.9821)\times(0.9357)=0.8741$$

部件故障率是平均故障间隔时间的倒数，如式（4.9）所示。

故障率和 MTBF：

$$\lambda_x=\frac{1}{\text{MTBF}_x} \tag{4.9}$$

各部件故障率如下：

$$\lambda_A=\frac{1}{6000}=0.000167(次/h)$$

$$\lambda_B=\frac{1}{4500}=0.000222(次/h)$$

$$\lambda_C=\frac{1}{10000}=0.000100(次/h)$$

应用式（4.8），系统在 1000h 内的整体可靠性为

$$R_{sys}=(e^{-\lambda_A t})(e^{-\lambda_B t})(e^{-\lambda_C t})$$

$$R_{sys}=(e^{-0.000167\times1000})(e^{-0.000222\times1000})(e^{-0.000100\times1000})$$

$$R_{sys}=(e^{-0.167})(e^{-0.222})(e^{-0.1})$$

$$R_{sys}=(e^{-0.489})$$

$$R_{sys}=0.613$$

这表明，按照该配置，系统工作到 1000h 不发生故障的概率为 61.3%。

2）并联关系

当部件以并联关系布置时，如图 4.3 所示，仅在所有部件故障的情况下才会导致整个系统失效。

图 4.3 中部件的基本可靠性计算方法如式（4.10）所示。

两部件并联的可靠性函数：

$$R_{sys}=R_A+R_B-R_AR_B \tag{4.10}$$

三部件 A、B 和 C 的可靠性计算方法如式（4.11）所示。

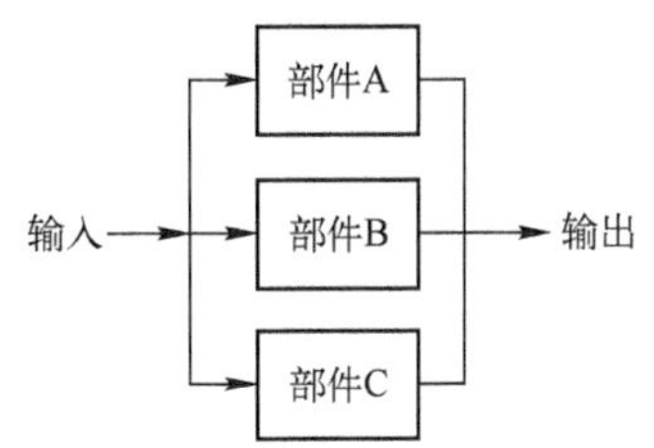

图 4.3　系统部件之间的并联关系

三部件并联的可靠性函数：

$$R_{sys}=1-[(1-R_A)(1-R_B)(1-R_C)] \tag{4.11}$$

例如，一个系统的部件 A、B 和 C 是相同的电源，可靠性为 0.975。如果设计中只有两个部件，A 和 B，则这是一个具有两个相同电源的系统，相应的系统可靠性计算如下：

$$R_{sys}=0.975+0.975-(0.975\times0.975)=0.999375$$

如果在该系统设计中增加第三个相同的电源，则系统的可靠性会提高：

$$R_{sys}=1-[(1-0.975)(1-0.975)(1-0.975)]=0.999984$$

3）串并联混合关系

如图 4.4 所示，部件采用串联和并联混合方式时，各种故障组合会导致系统失效。

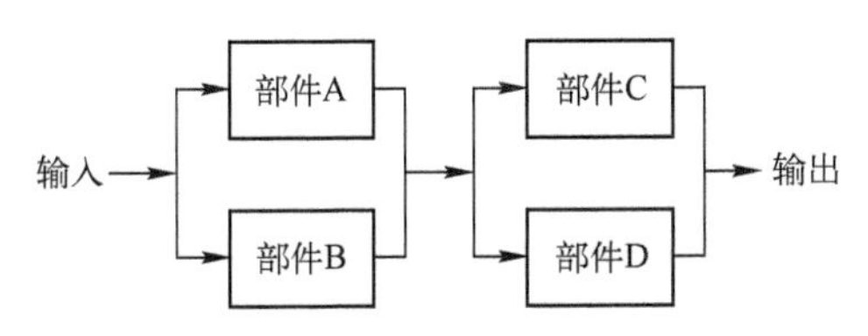

图 4.4　系统部件之间的串并联混合方式

图 4.4 中部件 A、B、C 和 D 的基本可靠性计算方法如式（4.12）所示。

串并联混合部件的可靠性函数：

$$R_{sys}=[1-[(1-R_A)(1-R_B)][1-[(1-R_C)(1-R_D)] \tag{4.12}$$

一个系统中部件组合的方式是无穷的。系统的可靠性配置是设计过程中一个目的明确的要素，就是达到要求的可靠性。关于可靠性的更详细论述，可参见《可靠性工程》（Elsayed，2012）。

下一小节将讨论在系统设计过程中应如何解决可靠性问题。

4.2.4 系统设计工作的可靠性

可靠性是决定系统效能的主要因素，可靠性多在以下相关文件中进行明确：使用要求（即可用性）和维修方案（即维修性）、系统要求、性能因素。

IEEE 1220—系统工程—系统工程过程应用与管理（IEEE，2005）在三个部分专门阐述了可靠性。

（1）6.1.5 节将可靠性作为需求分析工作的一个要素。在需求分析工作中，要确定能反映利益相关方的总体期望的系统效能度量指标，而可靠性是一个关键的效能度量指标，应在该项工作中予以确定。

（2）6.5.2 节将可靠性作为设计综合任务的一个要素。要对备选的设计方案进行评价，在对备选方案判别所考虑的非功能需求属性中，可靠性是其中一个具有特殊地位的度量指标。

（3）6.5.12 节将可靠性作为设计综合任务的一个要素。为了提高每一备选方案成功执行任务概率的估计精度，应分析备选设计方案的硬件、软件及人因等要素，同时还要利用历史或试验数据。应用故障模式与影响分析来确定设计解决方案的优缺点，对于关键故障，项目要进行关键性分析，根据关键性等级确定每个备选方案的优先级。该分析的结果可用于指导进一步设计工作，以适应冗余并支持平稳的系统退化（IEEE 2005，p. 32）。

下面讨论 IEEE 1220 提及的故障模式与影响分析（FMEA）。

4.2.5 故障模式与影响分析/故障模式、影响及危害性分析

故障模式与影响分析的定义为：

一种分析程序，分析过程中要对产品每个部件的每种潜在故障模式进行分析，确定对该部件可靠性的影响，以及该故障模式或其与其他可能故障模式的组合对产品或系统的可靠性的影响以及对该部件功能的影响；或是在系统和/或较低层次对产品发生故障的所有可能方式的检视。对于每一种潜在故障，都要估计其对自身及对整个系统的影响。此外，还要对故障概率最小化和故障影响最小化所规划的措施进行审查。（IEEE et al.，2010，p. 139）

FMEA 也称 FMECA（故障模式、影响及危害性分析），是一项广受欢迎且广泛使用的可靠性设计技术。FMECA 可应用于功能实体或物理实体，在系统

寿命周期的概念设计阶段即可开始。FMEA/FMECA 的目的是提高系统固有可靠性，识别潜在的系统弱点。

该过程采用自下而上的方法，分析考虑系统层次结构中最低层级的故障，并向上继续分析，确定对层次结构中较高层级的影响。该过程通常采用 12 个步骤：

（1）定义系统、输出结果和技术性能指标；

（2）采用功能术语来定义系统；

（3）对系统级的需求进行自上而下的分解；

（4）逐一识别故障模式；

（5）确定故障的原因；

（6）确定故障的影响；

（7）识别故障/缺陷检测方法；

（8）对故障模式严酷度进行等级评定；

（9）对故障模式发生频率进行等级评定；

（10）对故障模式的检测概率进行等级评定（第 7 步为基础）；

（11）分析故障模式危害性，其中危害性是严酷度（#8）、频率（#9）和检测概率（#10）的函数，具体表示为风险优先数（RPN）；

（12）提出改进建议。

Bernstein（1985）给出了一个机械系统 FMECA 的例子，分析该示例有助于加深对 FMECA 的理解。最后，已经建立了实施 FMEA/FMECA 的国际标准，包含在 IEC 60812（《系统可靠性分析技术——故障模式与影响分析的程序》）中（IEC，2006）。

下一小节将讨论如何度量可靠性。

4.2.6　度量可靠性

第 3 章强调了度量非功能属性的重要性。需要构建能将可靠性与具体指标及度量实体关联起来的结构图，表 4.5 给出了可靠性的四层结构。

表 4.5　度量可靠性的四层结构

层　级	作　用
关注问题	系统保障/维持
属性	可靠性
指标	部件可靠性
可度量特征	平均故障间隔时间（MTBF）或平均故障前时间（MTTF）

下一节将讨论维修性这一非功能属性。

4.3 维 修 性

本节将阐述维修性的基础知识以及如何在系统相关工作中进行应用。维修性与可靠性密切相关，是系统保障/维持的核心要素。

4.3.1 维修性的定义

从系统工程的角度来看，维修性的定义为：硬件系统或部件保持或恢复到能执行其要求功能的状态的难易程度（IEEE et al.，2010，p. 204）。

表 4.6 所列的其他定义有助于增强对维修性的理解。

表 4.6 维修性定义

定 义	来 源
使系统保持在完全可工作状态而完成所需功能的难易程度的度量	Kossiakoff et al.（2011，p. 428）
设计和安装特征反映执行维修的简易性、准确性、安全性和经济性	Blanchard et al.（2011，p. 112）
对系统进行维修的能力	Blanchard et al.（2011，p. 411）

仔细分析上述定义，其主要内容包括：

（1）维持/维护——采取必要措施使系统处于完全可工作状态的能力；

（2）维修——硬件系统或部件保持或恢复到能够执行所要求功能的状态的过程（IEEE et al.，2010，p. 205）。

定义和理解维修性的组成要素，是理解、度量维修性的一个重要步骤。下一小节将讨论维修性的组成要素。

4.3.2 与维修性有关的术语

要理解维修性，第一个要掌握的要素是维修。维修通常分为修复性维修和预防性维修。

修复性维修：由故障引起的需要恢复系统性能水平的计划外维修。

预防性维修：旨在防止故障发生、保持系统性能水平的计划内维修。

两类维修均涉及许多特定活动，目的是影响并实施系统及其部件的实际维修。图 4.5 所示为部件或系统修复性维修周期的基本要素构成。

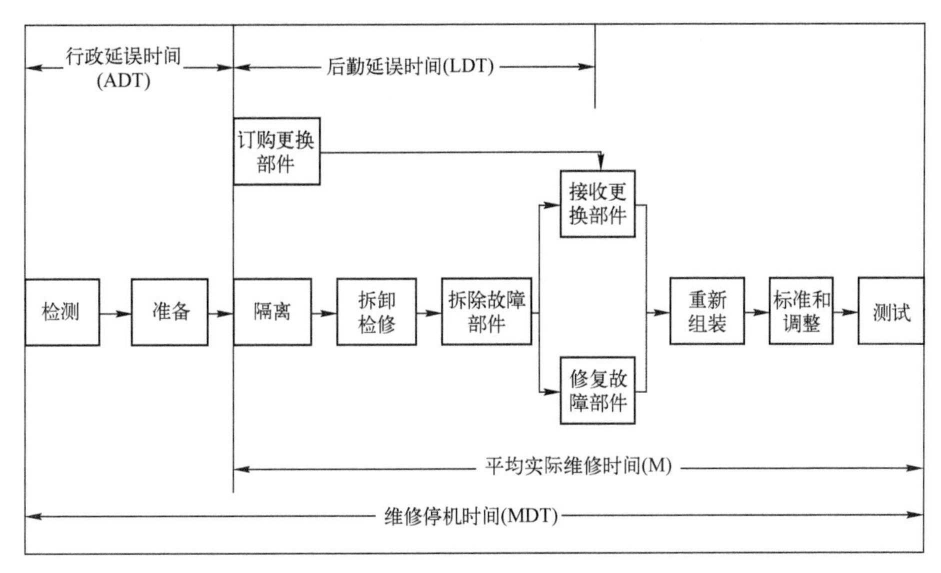

图 4.5　修复性维修周期的基本要素构成

表 4.7 定义了与修复性维修周期相关的术语。根据图 4.5 所示的关系，通过式（4.13）将修复性维修术语关联在了一起。

表 4.7　修复性维修术语

术　语	定　义
行政延误时间（ADT）	由于计划、人员分配、劳动问题、约束等原因所导致的维修延误，是停机时间的构成部分
后勤延误时间（LDT）	等待材料、专用测试设备、工具、设施或运输的那部分停机时间
维修停机时间（MDT）	将系统修复并恢复到完全可工作状态所需的总时间，在此期间系统处于不能工作状态
平均实际维修时间（M）	将系统修复并恢复到完全可工作状态所需的总时间，在此期间系统处于非运行状态，表示为 Mct、Mpt、fpt（预防性维修频率）的函数
平均修复性维修时间（Mct）	非计划性维修消耗的平均时间
平均预防性维修时间（Mpt）	预防性或计划维修的平均消耗时间

维修停机时间基本函数：

$$MDT=M+LDT+ADT \tag{4.13}$$

已知平均实际维修时间（M）是平均修复性维修时间和平均预防性维修时间之和，则式（4.13）可表示为式（4.14）：

扩展的维修停机时间函数：

$$MDT = Mct + Mpt + LDT + ADT \tag{4.14}$$

4.3.3 维修性计算

每个部件都有一个称为平均维修间隔时间（MTBM）的维修性度量指标，是所有维修活动的平均时间，其中已知有计划外修复性维修活动和计划内预防性维修行动。平均维修间隔时间的计算方法如式（4.15）所示。

平均维修间隔时间函数：

$$MTBM = \frac{1}{\frac{1}{MTBM_u} + \frac{1}{MTBM_s}} \tag{4.15}$$

MDT 和 MTBM 都是维修性的主要度量指标，在下一章将用于阐述可用性非功能需求属性。

4.3.4 维修保障方案

由于维修是系统使用过程中的一个重要因素，必须在系统设计过程的早期予以明确阐述。在概念设计阶段，设计团队要考虑能支持系统寿命周期内所有活动的具体方案。IEEE 1220 标准要求对寿命周期过程相关方案/概念加以定义，包括待研系统产品的开发、生产、试验、分发、使用、保障、培训及处置等，其中就包括维修保障方案（IEEE，2005，p. 40）。

设计团队的关注点应该聚焦到预计会在系统整个寿命周期内产生影响的成本主导因素和高风险因素。由于操作系统和维修活动会消耗系统寿命周期成本的很大比例，因此维修保障方案尤为重要。维修方案可定义为：各种维修干预措施（修复性、预防性、基于状态等）的集合，以及预先考虑的这些干预措施的总体结构。（Waeyenbergh et al.，2002，p. 299）

图 4.6 给出了系统维修和保障方案的部分主要要素。

表 4.8 列出了应该阐明的几个方面。

表 4.8 维修和保障的考虑因素

保障要素	保障要素的考虑因素
维修级别	维修方案中包含多少级别，需要综合考虑预期的维修频率、任务复杂性、技能水平要求及设施需求等因素
修理策略	零件和部件的故障策略应指定产品是不可修复、部分可修复还是完全可修复，同时明确修理对应的组织层级
组织的责任	维修可分配给使用单位或前面提及的任何保障组织

续表

保障要素	保障要素的考虑因素
维修保障要素	维修件、修理件、大修件的库存水平与补充供应，专用保障设备（设施、设备、工具），培训需求
效能要求	预计的零部件故障率决定了备件需求率
环境	系统所处周围环境，包括振动、冲击、温度、湿度、噪声、压力、循环等

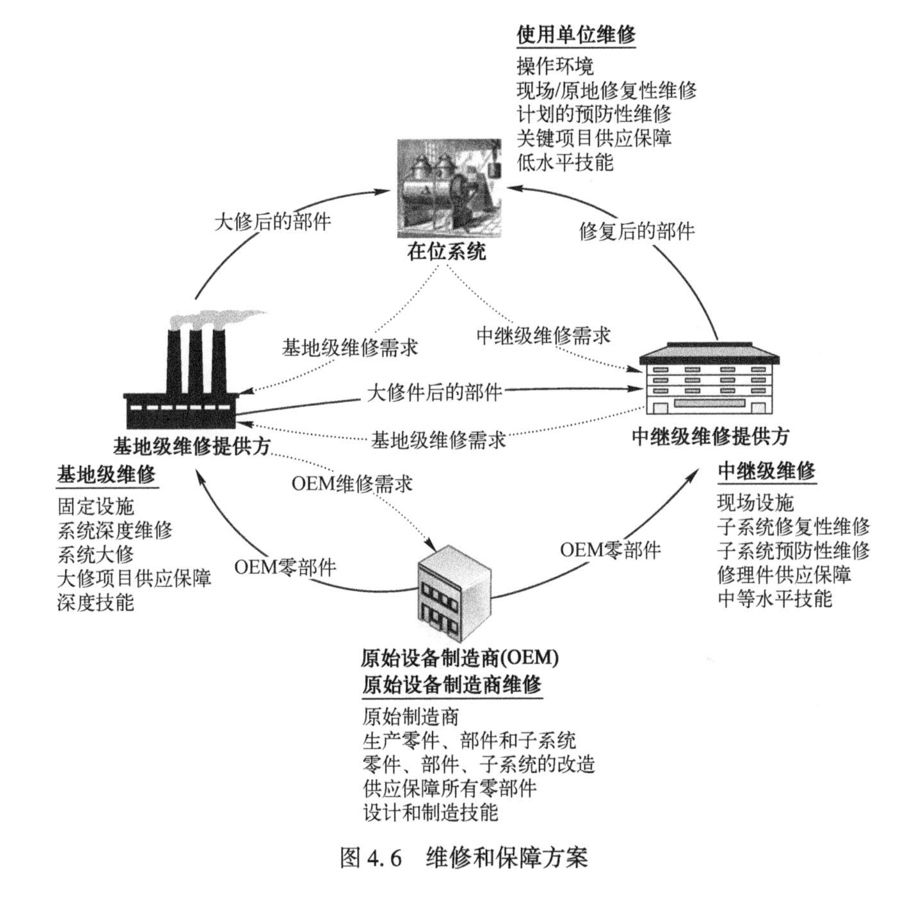

图 4.6　维修和保障方案

下面讨论如何在系统设计过程中解决维修性问题。

4.3.5　系统设计工作的维修性

维修性是决定系统效能的主要因素，通常在以下相关内容中定义维修性：使用要求（即可用性）和维修方案（即维修性）、系统要求、性能因素。

IEEE 1220 标准—系统工程—系统工程过程的应用与管理（IEEE，2005）在三处专门强调了维修性。

（1）6.1.5 节将维修性作为需求分析任务的一个要素。在需求分析任务中，要确定能反映利益相关方总体期望的系统效能指标，维修性是一个关键的效能指标，应在该项任务中予以确定。

（2）6.1.9 节中将维修性作为需求分析任务的一个要素。设计团队应对寿命周期过程相关概念加以定义，其中包括维修保障方案。

（3）6.5.2 节中将维修性作为设计综合任务的一个要素。要对备选设计方案进行评价，非功能需求属性中的维修性是判别备选方案的一个独特指标。

下一小节将讨论如何度量维修性。

4.3.6 度量维修性

第 3 章末强调了度量非功能属性的重要性。基于此，这里构建了能将维修性与特定指标及可度量特征联系起来的结构，表 4.9 给出了度量维修性的四层结构。

表 4.9 度量维修性的四层结构

层 级	作 用
关注问题	系统保障/维持
属性	维修性
指标	部件维修性
可度量特征	非计划的修复性平均维修间隔时间（$MTBM_u$）或计划的预防性平均维修间隔时间（$MTBM_s$）

4.4 本章小结

本章讨论了可靠性和维修性非功能需求。针对上述两个术语，本章给出了一个正式的定义以及另外的解释性定义、术语和公式，同时还对设计过程中有目的地考虑非功能需求的能力进行了阐述，最后提出了用于评价这两种非功能需求属性的正式指标和度量特征的方法。

下一章将讨论其他的保障问题，并讨论可用性、可操作性和测试性等非功能需求属性。

参考文献

Bernstein, N. (1985). Reliability analysis techniques for mechanical systems. *Quality and Reliability Engineering International, 1*(4), 235–248.

Blanchard, B. S., & Fabrycky, W. J. (2011). *Systems engineering and analysis* (5th ed.). Upper Saddle River: Prentice-Hall.

Elsayed, E. A. (2012). *Reliability engineering* (2nd ed.). Hoboken: Wiley.

IEC. (2006). *IEC Standard 60812: Analysis techniques for system reliability—procedure for failure mode and effects analysis (FMEA)*. Geneva: International Electrotechnical Commission.

IEEE. (2005). *IEEE Standard 1220: Systems engineering—application and management of the systems engineering process*. New York: Institute of Electrical and Electronics Engineers.

IEEE, & ISO/IEC. (2010). *IEEE and ISO/IEC Standard 24765: Systems and Software Engineering —Vocabulary*. New York and Geneva: Institute of Electrical and Electronics Engineers and the International Organization for Standardization and the International Electrotechnical Commission.

Ireson, W. G., Coombs, C. F., & Moss, R. Y. (1996). *Handbook of reliability engineering and management* (2nd ed.). New York: McGraw-Hill.

Kossiakoff, A., Sweet, W. N., Seymour, S. J., & Biemer, S. M. (2011). *Systems engineering principles and practice* (2nd ed.). Hoboken: Wiley.

O'Connor, P. D. T., & Kleyner, A. (2012). *Practical reliability engineering* (5th ed.). West Sussex: Wiley.

Waeyenbergh, G., & Pintelon, L. (2002). A framework for maintenance concept development. *International Journal of Production Economics, 77*(3), 299–313.

第 5 章　可用性、可操作性和测试性

在系统寿命周期的使用和维修阶段，为了有效维持或保障系统和部件，要求在系统寿命周期的设计阶段中采取一系列目的明确的特定措施。系统及其部件的可用性和测试性，对于确保系统能否持续向利益相关方提供所需功能至关重要。可用性和测试性是部件层次和系统层次的非功能需求，相互交织、相互关联。如果轻视测试性问题，会导致系统或部件的可用性降低，从而对系统本身的前景或活性产生深远的影响。理解在设计过程中如何实施可用性和测试性以及每项非功能需求的正式指标和度量过程的能力，对于确保其在系统设计所有工作中得到解决是必不可少的。

5.1　可用性和测试性引言

本章将讨论两大主题，即可用性和测试性。5.2 节讨论阐述了可用性及其基本理论、函数以及构成其运用基础的原理，还讨论了如何在工程设计中应用可用性，并给出了其指标及可度量的特征①。

5.3 节对测试性进行了定义，并讨论了如何在工程设计中应用测试性，讨论了与可用性的关系，并将其用于可用性函数，最后给出了测试性指标及其可测量特征。

本章提出了一个具体的学习目标和相关支撑目标。本章的学习目标是能够识别可用性和测试性属性如何影响系统维持与保障。本章的目标由以下子目标支撑：

（1）定义可用性；

（2）描述计算可用性的术语；

（3）描述维修性和可用性之间的关系；

（4）构建将可用性与特定指标及可度量特征联系起来的结构图；

（5）定义测试性；

（6）描述测试性和可用性之间的关系；

---

① 原文为 measureable characteristic for reliability，疑为文字错误，reliability 应为 availability。——译者

（7）构建将测试性与特定指标和可测量特征联系起来的结构图；

（8）解释测试性与可用性之间的关系。

实现上述目标可通过掌握以下内容来实现。

5.2　可用性和可操作性

本节讨论可用性基础知识，以及在系统开发过程中如何应用的问题。可用性是用于评估系统为利益相关方提供所需功能和服务的能力的重要指标。

5.2.1　可用性和可操作性的定义

从系统工程的角度来看，可操作性的定义为：能够执行预期功能的程度（IEEE et al.，2010，p. 240）。

同样，可用性的定义为：需要使用时，系统或部件可工作和可访问的程度；部件或服务在规定时刻或规定时间段内执行所需功能的能力（IEEE et al.，2010，p. 29）。

根据上述定义可以清楚看出，可操作性非功能需求能够在可用性定义中得到满足。因此，这里将可操作性视为可用性非功能需求的一部分。

可用性通常可简单地表示为系统正常工作时间与系统正常工作时间和系统停机工作时间之和的比例。可用性更一般性的概念指“资产能够执行其规定功能的时间段，用百分比来表示”（Campbell，1995，p. 174）。

可用性还有许多独特的定义，由所考虑的时间间隔或停机类型（即修复性维修或预防性维修）来表征。表5.1所列的其他定义有助于增进理解。

表5.1　区分可用性定义的关键要素

定　义	来　源
固有可用度（A_i）：仅包括系统的修复性维修（修复或更换故障部件的时间），不包括准备时间、预防性维修停机时间、后勤（供应）时间和行政等待时间	Elsayed（2012，p. 202）
可达可用度（A_a）：包括修复性和预防性维修停机时间，可表示为维修频率和平均维修时间的函数	Elsayed（2012，p. 202）
使用可用度（A_o）：维修时间包括许多要素，含维修与修理的直接维修时间和间接维修时间，由准备时间、后勤时间和等待或行政停机时间等构成	Elsayed（2012，p. 203）

使用可用度（A_o）是对系统或部件可用性最合适的度量指标，因为该指标包括系统及其部件在其实际使用环境中的可用性。下一小节将从数学角度讨论使用可用度（A_o）。

5.2.2 使用可用度函数

使用可用度可简单表示为式（5.1）。

可用度基本函数：

$$A_o = \frac{\text{正常工作时间}}{\text{系统总时间(正常工作时间+停机时间)}} \tag{5.1}$$

通过引入第4章的维修性术语，即平均故障间隔时间（MTBF），并引入新术语：平均后勤延误时间（MLDT）、平均修复时间（MTTR），可将式（5.1）扩展为式（5.2）。

扩展后的使用可用度函数

$$A_o = \frac{\text{MTBF}}{\text{MTBF+MTTR+MLDT}} \tag{5.2}$$

平均后勤延误时间（MLDT）包括平均供应延误时间（MSDT）、平均外部支援延误时间（MOADT）和平均行政延误时间（MADT），具体定义如下：

（1）MSDT包括采购备件、测试设备和维修所需专用工具产生的延误时间；

（2）MOADT包括专业维修人员为前往系统使用地点进行维修而产生的路途延误时间；

（3）MADT包括拟制程序、对维修期间限制系统使用的许可、系统隔离、准备以及设置条件（即排放液体、电路断电等）等产生的延误时间。

利用上述术语，对平均后勤延误时间进行扩展［式（5.3）］。

平均后勤延误时间函数：

$$\text{MLDT} = \text{MSDT+MOADT+MADT} \tag{5.3}$$

引入平均后勤延误时间的构成项，得式（5.4）所示的使用可用度（A_o）函数。

完全扩展后的可用度函数：

$$A_o = \frac{\text{MTBF}}{\text{MTBF+MTTR+MSDT+MOADT+MADT}} \tag{5.4}$$

5.2.3 系统设计中的可用性

可用性与可靠性、维修性一样，是决定系统效能的主要因素。IEEE 1220标准-系统工程-系统工程过程应用和管理（IEEE，2005）在三部分对可用性进行了专门的说明。

（1）6.1.1节将可用性作为需求分析任务的一个要素。根据特定的非功能需求，如可用性，对利益相关方的期望进行定义和平衡。

（2）6.1.9 节将可用性作为需求分析任务的一个要素。设计团队必须定义寿命周期过程的相关概念或方案，其中包括对可用性具有直接影响的维修保障方案。

（3）6.5.2 节将可用性作为设计综合任务的一个要素。要对备选的设计方案进行评价，非功能需求属性中的可用性是判别方案的一个独特的指标。

利益相关方的一种典型需求可陈述为“系统必须要有 99.5%的时间是可用的”。通过要求的正常工作时间，利益相关方约束了停机时间以及对停机时间具有贡献的变量（即 MTBF、MTTR、MLDT（MSDT、MOADT、MADT））。

下一节将讨论如何度量可用性。

5.2.4　使用可用度（A_0）

第 3 章末强调了度量非功能属性的重要性。这里构建了能将可用性与特定指标及度量特征联系起来的结构图。表 5.2 给出了度量可用性的四层结构。

表 5.2　度量可用性的四层结构图

层　　级	作　　用
关注问题	系统保障
属性	可用性
指标	部件可用度
可度量的特征	平均故障间隔时间（MTBF）、平均修复时间（MTTR）、平均后勤延误时间（MLDT）

下一节将讨论其他保障问题及测试性非功能属性。

5.3　测　试　性

本节将阐述测试性的基础知识以及在系统开发过程中的应用方法。测试性是一种新的度量指标，可以用作一种手段来提高合理评估系统是否符合利益相关方要求的功能和服务的能力。

5.3.1　测试性的定义

从系统工程的角度来看，测试性定义为：设计一种客观、可行的测试来确定要求满足的程度；从确立测试标准并执行测试来确定该标准满足需求的程度（IEEE et al.，2010，p.371）。

作为一项非功能需求，测试性还有表 5.3 给出的其他定义，这些定义有助于更好地理解该术语及其在系统设计工作中的应用。

表 5.3　测试性的其他定义

定　义	来　源
测试性用 τ 表示，指在测试设备、设施和人力可用的情况下，平均测试时间或找出故障的平均时间	Valstar（1965，p. 54）
系统拥有有效检测故障和诊断故障的能力	Kelley et al.（1990，p. 22）
存在故障时测试过程中能观察到的故障趋势。如果软件在测试过程中易于暴露故障，就具有很高的测试性，就能从诱发故障的许多输入中发现失效。如果软件在测试过程中倾向于隐藏故障，那么测试性就低，即使至少存在一个故障，也几乎不会发现失效	Voas et al.（1993，p. 207）
测试性可以指出故障隐藏在测试中的位置，但测试不能。测试性通过提供行为的经验证据来补充形式验证，而形式验证无法做到这一点	Voas et al.（1995，p. 18）

采用最早的测试性定义：Valstar（1965）断定测试性是固有可用度（A_i）的一个要素，并可以通过式（5.5）进行关联。

固有可用度函数：

$$A_i = \frac{\omega}{\omega + \tau + \rho} \tag{5.5}$$

式中：ω 为平均故障前时间；τ 为测试设备、设施和人力可用的情况下发现故障的平均时间；ρ 为可修复或平均修复时间。在该函数中采用上一节给出的更熟悉的术语，式（5.5）可变换为式（5.6）。

利用 MTTF 和 MTTR 的固有可用度：

$$A_i = \frac{\text{MTTF}}{\text{MTTF} + \tau + \text{MTTR}} \tag{5.6}$$

由于固有可用度只考虑修复性维修，即由故障引起失效，因此测试性（τ）在系统使用可用性预计方面也具有一定作用。如此，式（5.5）可变换为式（5.7）。

含测试性的可用度函数：

$$A_o = \frac{\text{MTBF}}{\text{MTBF} + \tau + \text{MTTR} + \text{MSDT} + \text{MOADT} + \text{MADT}} \tag{5.7}$$

总之，测试性对系统可用性具有直接影响。

可用性取决于使用人员评估系统状况的水平、检测和定位单元退化或故障原因的速度，以及排除故障的效率（Kelley et al.，1990，p. 22）。

5.3.2　系统设计中的测试性

测试性可分为两类。

（1）体系结构测试性，是基于系统设计特征和规定的设计意图，对系统特性进行的一种评价（Kelley et al.，1990，p.22）。

（2）模态测试性，当系统配置为执行一项或多项特定功能时，对系统设计的测试性的评价。这种分析以系统的设计特征、功能流特点及其性能规范为基础（Kelley et al.，1990，p.22）。

人们已经针对许多设计任务推荐了测试性属性的正规量度，如表5.4所示。

表5.4 设计任务中的测试性量度示例

设计任务	指标	来源
体系结构开发	系统结构中信号的相对可控性和可观测性的度量指标。测试性信息来自对系统体系结构相应Petri网的可达图分析	Jiang et al.（2000）
UML类图	测量由于多态用途而产生的交互的数目和复杂性	Baudry et al.（2002）

测试性设计即设计人员要主动确保其设计决策能支持开发一个贯穿寿命周期的稳健的测试项目（Buschmann，2011）。对于表5.4中的两种情况，设计任务和指标描述了相关的测试标准，并成为评价测试性设计的基础。通过拥有定义明确的测试性指标以及可度量的相关特征，赋予了备选设计方案另外一种可对其进行区分的度量指标。

测试性与可用性一样，是决定系统效能的主要因素。IEEE 1220标准明确对测试性做了强调。

测试性作为6.5.4节6.5.13节综合任务的一个要素，确定设计方案中包含测试性的程度；评估备选设计方案的测试性，确定机内测试（BIT）和/或故障隔离测试（FIT）的要求。

5.3.3 度量测试性

第3章末强调了度量非功能属性的重要性。基于此，这里构建了结构图，可将测试性与特定度量及可测量特征联系起来。表5.5所示为度量测试性的四层结构。

表5.5 度量测试性的四层结构

层级	作用
关注问题	系统保障
属性	测试性
指标	部件测试性
可度量的特征	τ，测试设备、设施和人力可用的情况下发现故障的平均时间

5.4 本章小结

本章分析了可用性和测试性两项非功能需求，并为每项非功能需求提供了一个正式的定义以及其他来源的解释性定义、术语和公式。阐述了设计过程中目的明确地考虑非功能需求的能力，最后提出了一种形式化的指标和特性度量方法，可用于评价这两种非功能需求属性。

本书下一部分将把重点转移到与设计本身直接相关的问题上。第 6 章将讨论简洁性、模块化、简单性以及追溯性等非功能属性；第 7 章和第 8 章将讨论兼容性、一致性、互操作性和安全性等非功能属性。

参考文献

Baudry, B., Le Traon, Y., & Sunye, G. (2002). Testability analysis of a UML class diagram. *Proceedings of the Eighth IEEE Symposium on Software Metrics* (pp. 54–63). Los Alamitos, CA: IEEE Computer Society.

Buschmann, F. (2011). Tests: The Architect's best friend. *IEEE Software, 28*(3), 7–9.

Campbell, J. D. (1995). *Uptime: Strategies for excellence in maintenance management*. Portland, OR: Productivity Press.

Elsayed, E. A. (2012). *Reliability engineering* (2nd ed.). Hoboken, NJ: Wiley.

IEEE. (2005). *IEEE Standard 1220: Systems engineering—Application and management of the systems engineering process*. New York: Institute of Electrical and Electronics Engineers.

IEEE, and ISO/IEC. (2010). *IEEE and ISO/IEC Standard 24765: Systems and software engineering—Vocabulary*. New York and Geneva: Institute of Electrical and Electronics Engineers and the International Organization for Standardization and the International Electrotechnical Commission.

Jiang, T., Klenke, R. H., Aylor, J. H., & Gang, H. (2000). System level testability analysis using Petri nets. *Proceedings of the IEEE International High-Level Design Validation and Test Workshop* (pp. 112–117). Los Alamitos, CA: IEEE Computer Society.

Kelley, B. A., D'Urso, E., Reyes, R., & Treffner, T. (1990). System testability analyses in the Space Station Freedom program. *Proceedings of the IEEE/AIAA/NASA 9th Digital Avionics Systems Conference* (pp. 21–26). Los Alamitos, CA: IEEE Computer Society.

Valstar, J. E. (1965). The contribution of testability to the cost-effectiveness of a weapon system. *IEEE Transactions on Aerospace, AS-3*(1), 52–59.

Voas, J. M., & Miller, K. W. (1993). Semantic metrics for software testability. *Journal of Systems and Software, 20*(3), 207–216.

Voas, J. M., & Miller, K. W. (1995). Software testability: The new verification. *IEEE Software, 12*(3), 17–28.

第三部分　设计考虑因素

第 6 章　简洁性、模块化、简单性和追溯性

在系统寿命周期的设计阶段，系统和部件设计需要目的明确的活动，以确保有效的设计及可行的系统。设计师面临着许多设计问题，必须在每一项思考和记录中将这些设计问题嵌入到设计之中。其中的四个关注问题是通过简洁性、模块化、简单性和追溯性等非功能需求来解决的。这些非功能需求的正式理解需要有定义、术语和公式，还要理解如何在系统设计过程中控制其效果和度量其结果。

6.1　简洁性、模块化、简单性和追溯性引言

本章讨论四方面主题，包括简洁性、模块化、简单性或复杂性、追溯性。

6.2 节介绍简洁性及其基本术语、函数式、其运用的原理基础，提出了一种度量和评价简洁性的指标。

6.3 节讨论模块化的概念及其对系统设计的影响，介绍现存文献中的许多模块化量度，最后给出了模块化指标的选取以及将模块化指标与度量属性相关联的结构图。

6.4 节通过与复杂性对比阐述了简单性，回顾了相关文献中有关复杂性的量度，并提出了三种量度供理解，最后给出了复杂性指标和可测量的特征。

6.5 节介绍追溯性及其对系统设计工作的影响。利用系统工程过程应用和管理（IEEE，2005）中的追溯性需求提出了一项能在系统设计评价追溯性的度量指标，最后推荐了追溯性度量指标，并给出了追溯性的结构图。

本章提出了一个具体的学习目标和相关支撑。本章学习目标是能够明确简洁性、模块化、简单性和追溯性等属性如何影响系统设计，由以下子目标支持：

（1）定义简洁性；
（2）描述用于表示简洁性的术语；
（3）构建将简洁性与特定指标及可测量特征联系起来的结构图；
（4）定义模块化；
（5）描述用于表示模块化的术语；
（6）构建将模块化与特定指标及可测量特性联系起来的结构图；
（7）描述简单性和复杂性之间的关系；
（8）定义复杂性；
（9）描述用于表示复杂性的术语；
（10）构建将复杂性与特定指标及可测量特性联系起来的结构图；
（11）定义追溯性；
（12）描述用于表示追溯性的术语；
（13）构建将追溯性与特定指标及可测量特性联系起来的结构图；
（14）解释简洁性、模块化、简单性和追溯性在系统设计中的重要性。
通过掌握以下内容可实现上述目标。

6.2 简　洁　性

本节将回顾简洁性的基础知识以及简洁性在系统开发过程中的应用方法。简洁性不是众所周知的非功能需求，也不具有明显或普遍认可的属性。为了理解该属性，首先分析一个基本定义。

6.2.1 简洁性的定义

从软件工程的角度来看，简洁性的定义为：以最少代码实现功能的软件属性（IEEE et al.，2010，p. 69）。

利用公理化设计理论中的独立公理（Suh，1990，2001），可以将该术语扩展到系统工程领域。公理化设计理论中的独立公理指出：必须保持功能需求的独立性（Suh，2005，p. 23）。

简而言之，每个功能需求都应在不影响任何其他功能需求的情况下得到满足。

在工程设计的概念化过程中，每个功能需求都要从功能域转换到物理域，然后在物理域中，功能需求将与设计参数相匹配。一个理想的或者简洁的映射，应该是每个独特功能需求都有一个设计参数。满足这一要求的系统就是理想的、简洁的。从数学角度上讲，这种关系可以用简洁比（CR）来表示，具体如式（6.1）所示。

简洁比：

$$\mathrm{CR} = \frac{\sum_{i=1}^{n} DP_i}{\sum_{j=1}^{m} FR_j} \tag{6.1}$$

式中：i 为设计参数的数量；j 为功能需求的数量；DP 为设计参数。

从简洁性的定义和相关的简洁比可以清楚地看出，简洁比越高，设计就越简洁，因为设计参数和功能需求都很简洁。下一小节将讨论如何在设计综合过程中包含简洁性。

6.2.2　系统设计工作的简洁性

IEEE 1220 标准—系统工程过程应用和管理（IEEE，2005）中，并没有直接提及“简洁性”或“简洁”。但是，“需求分析”（6.1 节）和“功能分析”（6.3 节）是设计综合过程的串行输入（6.5 节），要明确并评价备选的设计方案。

作为 6.5.2 节综合任务的一个要素，要对备选方案和备选方案集进行分析，确定哪种设计方案最能满足分配的功能和性能要求、接口要求和设计约束，并能提升系统或更高层级系统的总体效能（IEEE，2005，p. 51）。

简洁比（CR）可应用于备选设计方案，作为区分竞争性备选方案的一种度量指标。

6.2.3　度量简洁性

第 3 章末强调了度量非功能属性的重要性。这里构造了一个将简洁性与特定指标和可测量特性联系起来的结构图，表 6.1 给出了简洁性的四层结构。

表 6.1　度量简洁性的四层结构

层　级	作　用
关注问题	系统保障
属性	简洁性
指标	系统和部件的简洁性
可度量特性	简洁比是一个系统或部件中设计参数数量和功能需求数量之比

下一节将讨论模块化这一非功能需求。

6.3 模块化

本节将回顾模块化的基础知识以及模块化如何在系统开发过程中获得应用。模块化在许多工程形式中都是一个公认的原则（Budgen，2003），但并没有作为一个设计鉴别尺度得到普遍应用。要理解该属性，则先从其基本定义入手。

6.3.1 模块化的定义

从系统工程的角度来看，模块化的定义为：系统或计算机程序由离散部件组成的程度，使一个部件的更改对其他部件的影响最小；提供部件高度独立结构的软件属性（IEEE et al.，2010，p. 223）。

作为一项非功能需求，表 6.2 中给出了模块化的其他定义，这有助于更好地理解该术语及其在系统设计工作中的应用。

表 6.2　模块化的其他定义

定　义	来　源
系统分解成一组内聚的、松散耦合的模块的一种特性	Booch（1994，p. 515）
可以作为一个单元进行操作的一组封装元素	Hornby（2007，p. 52）

模块化通常采用两种量度进行评估，即耦合和内聚。

6.3.2 耦合和内聚的定义

表 6.3 给出了耦合和内聚的定义，由此很容易对比其差异。

表 6.3　耦合和内聚的定义

耦　合	内　聚
（1）软件模块之间相互依赖的方式和程度 （2）模块间关系的强度 （3）对两个例程或模块紧密连接程度的度量 （4）软件设计中，衡量计算机程序中各模块之间相互依赖关系的一种方法，参见内聚。注：类型包括通用环境耦合、内容耦合、控制耦合、数据耦合、混合耦合和病态耦合（IEEE et al.，2010，p. 83）	（1）一个软件模块执行任务与另一个模块相互关联的方式和程度 （2）软件设计中，对模块中各元素关联强度的一种度量。同义词：模块耦合强度。注：类型包括重合、通信、功能、逻辑、程序、顺序和时间（IEEE et al.，2010，p. 57）
模块间相互依赖的程度（Yourdon et al.，1979，p. 85）	内部元素之间的联系紧密程度（Yourdon et al.，1979，p. 106）
模块间连接性的一种度量，与确定模块间存在的连接形式以及连接强度有关（Budgen，2003，p. 77）	对模块部件功能相关程度的一种度量。理想的模块是所有的部件都可以认为是为了一个目的而单独存在的（Budgen，2003，p. 78）

在任何系统的设计过程中，都需要考虑各种特定类型的内聚和耦合因素。但是，系统设计人员对更高层次的抽象感兴趣，即系统模块化，并在模块化度量指标的定义中采用耦合的概念。

6.3.3　模块化度量指标

通过对现有模块化度量文献的分析，发现学术期刊上发表了9项独特的研究。这9项研究的特点是区分了用于开发模块化度量的指标类型，指标类型包括相似性、耦合、相似性和耦合的组合，具体见表6.4。

表6.4　区分指标类型的模块化度量研究

指标类型	研究参考文献
相似性	Newcomb et al. (1998)
	Gershenson et al. (2003, 2004)
相似性和耦合的组合	Newcomb et al. (1998)
耦合	Newcomb et al. (1998)
	Martin et al. (2002)
	Mikkola et al. (2003)
	Sosa et al. (2007)
	Holtta Otto et al. (2007)
	Yu et al. (2007)

虽然对每项研究的深入分析超出了本章的范围，但鼓励查阅上述参考文献，以对每种模块化度量发展历程进行详细了解。以下将简要介绍两个更可靠的模块化度量指标。

1）模块化函数

Mikkola和Gassmann（2003）的研究引入了一个数学模型，称为模块化函数，用于分析给定产品体系结构中的模块化程度。该模块化函数取决于三个变量，包括部件（即模块）总数、模块耦合度、新加入部件（即模块）的可替代性因子，具体函数如式（6.2）所示。

模块化函数：

$$M(u)=\mathrm{e}^{-u^2/2Ns\delta} \tag{6.2}$$

式中：$M(u)$为模块化函数；u为新加入部件（即模块）的数量；N为部件（即模块）总数；s为可替代性因子；δ为模块耦合度。

2）最小描述长度

设计结构矩阵（Browning，2001；Eppinger et al.，2012；Steward，1981）

是一种广泛使用的设计方法，其根源是简化 N^2 图（Becker et al.，2000）和质量屋（Hauser et al.，1988）。设计结构矩阵是一种图形化方法，用于表示系统部件（即模块）之间的关系。设计结构矩阵是一个正方形矩阵，行和列的标签均相同。在基于部件的静态设计结构矩阵中，标签通过描述系统组成部件或模块之间关系的方式来表示系统架构。

为了说明基本的设计结构矩阵，图 6.1 给出了一个简单的制冷系统，表 6.5 是该简单制冷系统的设计结构矩阵示例。

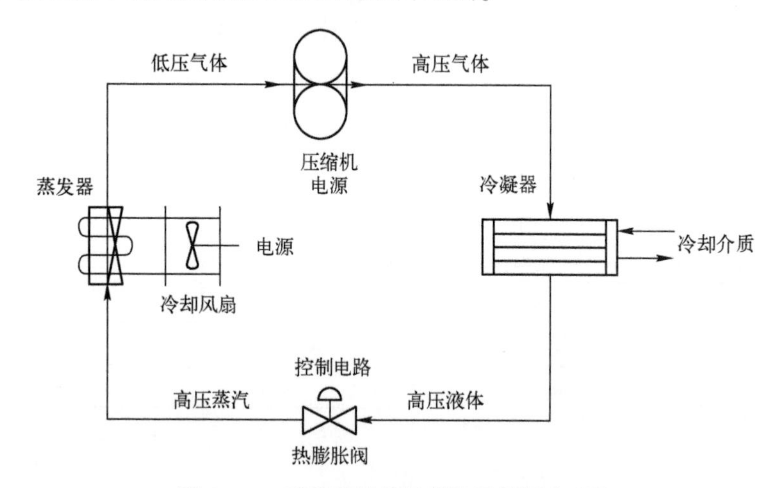

图 6.1 一种简化的单级蒸汽压缩制冷系统

表 6.5 图 6.1 所示系统的设计结构矩阵

		A	B	C	D	E	F	G	H
压缩机	A	A							
冷凝器	B		B						
热膨胀阀	C			C					
蒸发器	D				D				
冷却风扇	E					E			
电源	F						F		
冷却介质	G							G	
控制电路	H								H

系统部件或模块之间的交互类型如表 6.6 所示。表 6.7 所示为部件或模块之间交互的相对加权。

表 6.6　模块交互类型（Browning，2001，p. 294）

交互类型	说　明
空间	物理空间关联和对齐，两个要素相邻或定向的需求
能源	两个要素（如电源）之间能量传输/交换的需求
信息	两个要素之间进行数据或信号交换的需求
材料	两种要求之间的物质交换需求

表 6.7　部件间能量交互作用的加权方案（Browning，2001）

标　签	权　重	说　明
要求的	+2	能量转移/交换是功能所必需的
期望的	+1	能量转移/交换是有益的，但不是功能所必需的
无影响的	0	能量转移/交换不是功能所必需的
不期望的	-1	能量转移/交换会产生负面影响，但不会妨碍功能
有害的	-2	必须防止能量转移/交换才能实现功能

图 6.1 所示系统的设计结构矩阵可用来显示表 6.6 中的任何交互类型。利用表 6.7 所示的加权方案可以获得一个完整的能量交互设计结构矩阵，如表 6.8 所示。

表 6.8　系统（图 6.1）中能量作用的设计结构矩阵

		A	B	C	D	E	F	G	H
压缩机	A	A					+2		
冷凝器	B		B					+2	
热膨胀阀	C			C					+2
蒸发器	D				D				
冷却风扇	E					E			+2
电源	F	+2		+2		+2	F		+2
冷却介质	G		+2					G	
控制电路	H		+2			+2			H

Yu 等（2007）的研究提出了一种称为最小描述长度（MDL）的模块化度量指标，基础是设计结构矩阵所表示的设计评价。利用式（6.3）来评价设计结构矩阵所表示的系统模块化。

最小描述长度：

$$\mathrm{MDL} = \frac{1}{3}\left(n_c \log n_n + \log n_n \sum_{i=1}^{n_c} cl_i\right) + \frac{1}{3} S_1 + \frac{1}{3} S_2 \tag{6.3}$$

式中：n_c为部件总数（即模块）；n_n为设计结构矩阵中的行数或列数；cl_i为模块 i 的大小；S_1为模块中的空单元数；S_2为模块之间为 1 的单元数。

在一个复杂系统中，有许多方法可以用来确定模块化程度。这里提出了两种方法，将模块化处理为一个耦合函数，可作为模块化的度量指标。

6.3.4 系统设计工作的模块化

IEEE 1220 标准—系统工程过程应用与管理（IEEE，2005）并没有直接提及模块化或耦合，但模块化是目的明确的系统设计的一个特征，其原因是从工程设计的角度来看模块化具有诸多的作用：

（1）首先，通过提供有效的认知分工，使系统的复杂性易于管理；

（2）其次，模块化能够组织并支持并行工作；

（3）复杂系统设计中采取模块化，能允许随时间推移对模块进行更改和改进，而不会削弱整个系统的功能（Baldwin et al.，2006，p. 180）。

但是，设计中的模块化并不是简单定义为具有定义明确的模块层次结构的系统。当且仅当设计过程可以分割并分布在不同的模块之间，并且是由设计规则协调而非由设计师协商的情况下，一个复杂的工程系统在设计上才是模块化的（Baldwin et al.，2006，p. 181）。

模块化设计必须具有设计规则。有了设计规则，系统和模块设计人员就可以创建各种各样的设计选项，并将其作为整个系统解决方案的要素。设计规则要求系统设计人员负责设计基本要素，但不会过度限制每个模块的可能潜在解决方案和独立选项。这种方法的本质是，模块化允许最终系统在其寿命周期内进行更改和改进，而不会损害系统的整体功能。

6.3.5 度量模块化

第 3 章末强调了度量非功能属性的重要性。这里构建将模块化与特定指标和可测量特性联系起来的结构图，表 6.9 所示为度量模块化的四层结构。

表 6.9 度量模块化的四层结构

层 级	作 用
关注问题	系统设计
属性	模块化
指标	系统模块化
可度量特性	由模块化函数（M_u）或最小描述长度（MDL）表示的模块数和耦合度

下节将讨论设计关注问题的另一个非功能需求，即简单性。

6.4 简　单　性

本节将介绍简单性的基础知识以及简单性在系统开发过程中的应用。尽管无法评估简单性，但至少可以寻求其对立特征复杂性的度量指标（Budgen，2003，p. 75）。理解简单性和复杂性，先从基本定义开始。

6.4.1 简单性和复杂性的定义

从系统工程的角度定义了简单性及其对立特性复杂性。两者的定义是并列给出的，以方便对比其间差异（表 6.10）。

表 6.10　简单性和复杂性的定义

简　单　性	复　杂　性
（1）系统或部件的设计和实现直观、易懂的程度 （2）以最容易理解的方式提供功能实现的软件属性，参见复杂性（IEEE et al.，2010，p. 327）	（1）由于部件众多或部件之间的关系，使得系统设计或代码难以理解的程度 （2）任何一组基于结构的指标（度量第一个定义中的属性） （3）系统或部件的设计或实现难以理解和验证的程度（IEEE et al.，2010，p. 63）

因为无法直接度量简单性，通常度量作为其对立特性的复杂性，后者具有一些基本的量度。但在度量复杂性之前，需要理解该术语及其表征。

6.4.2 复杂性的特征

表 6.10 中的复杂性定义并没有为理解复杂性到底是什么、在系统中如何显现等提供足够的细节。利用系统中存在且能表征复杂性的特征来描述复杂性是一种通常有用的方法。典型地，这些特征包括：

（1）系统包含许多交互的对象或代理的集合；

（2）对象的行为记忆或反馈的影响；

（3）对象可以根据自身历史调整策略；

（4）系统是典型开放的；

（5）系统是活跃的；

（6）系统通常表现出令人惊讶、并可能是极端的现象；

（7）紧急现象通常出现在没有任何一种影响或中央控制器的情况下；

（8）系统显示出了有序和无序行为的复杂混合（Johnson，2007，pp. 13-15）。

对复杂性具有进一步的理解后，就应考虑如何度量复杂性。下一小节将讨论系统复杂性的度量方法。

6.4.3 系统复杂性的度量方法

已有文献实现了软件和普通非软件系统的复杂性度量，表 6.11 列出了部分有影响的研究。

表 6.11 度量系统复杂性的有关文献

系统类型	复杂性度量方法	文献
软件	控制流	McCabe（1976）、McCabe et al.（1989）
	信息流	Henry et al.（1984）、Kitchenham et al.（1990）
	理解力	Halstead（1977）
	要素	Briand et al.（2000）、Chidamber et al.（1994）
普通系统	层次结构	Huberman et al.（1986）
	设计工作	Bashir et al.（1999）
	设计问题、过程和产品	Ameri et al.（2008）、Summers et al.（2010）
	设计中的结构和功能复杂性	Braha et al.（1998）
	人的行为	Henneman et al.（1986）
	信息论与熵	Conant（1976）、Jung et al.（1996）、Koomen（1985）、Min et al.（1991）
	多样性	Ashby（1958，1968）、Bar-Yam（2004）

尽管深入了解复杂性的每种度量方法超出了本章的范围，但鼓励查阅上述文献，以对每种复杂性度量方法发展历程进一步掌握。以下将简要介绍三种用于系统设计的稳健性更好且更具普遍性的复杂性度量方法。

1）*系统层次结构树*

Huberman et al.（1986，p. 376）提出了一种在系统设计中特别有用的系统复杂性量度。作者表示，他们提出的系统复杂性的物理量度是基于其多样性的，而没有关注其详细规范，适用于由简单零件组成的离散层次结构，提供了一个精确的且易于计算的定量度量。他们的方法依赖于层次概念，并利用层次结构树来表示系统结构。

层次结构是理解系统的一个强大概念，可对应于系统结构布局，或者更一般地能按照交互作用强度对组成进行聚类。特别地，如果在第一层将相互作用最强的部件分组在一起，那么在其下一层会将相互作用最强的聚类合并在一起，以此类推，最终得到一棵树，能反映结果的层次结构（Huberman et al.，1986，p. 377）。

图 6. 2 所示的层次结构树是一个假设系统的结构。

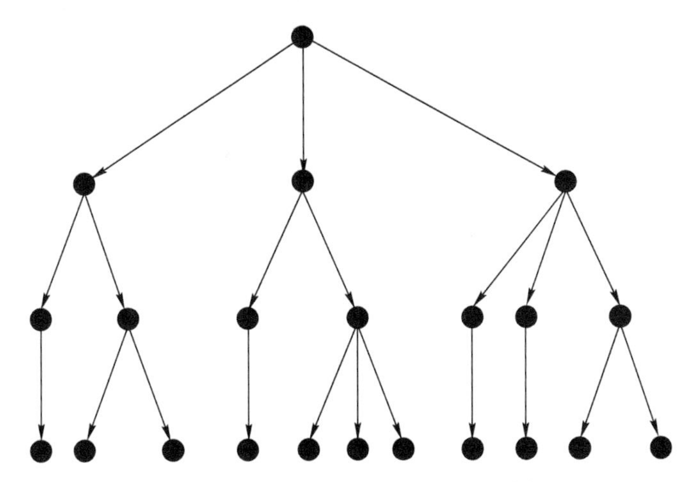

图 6. 2 由层次结构树表示的系统结构

Huberman 和 Hogg 的系统复杂性量度所依据的层次前提假设是 Simon（1996）提出的。

要设计这样一个复杂的结构，一种强有力的技术就是找到将系统分解为与许多功能零件相对应的半独立部件的可行方法。这样，每个部件的设计都可以在一定程度上独立于其他部件的设计，因为每个部件都会通过其功能在很大程度上影响其他部件，而与完成该功能的机构细节无关。

系统的复杂性 $C(T)$ 是其树状层次结构的函数，且与多样性 $D(T)$ 有关，具体如式（6. 4）和式（6. 5）所示。

复杂性作为多样性的函数：

$$C(T)=1-D(T) \tag{6.4}$$

层次结构树中的复杂性：

$$D(T)=(2^k-1)\prod_{j=1}^{k}D(T_{ij}) \tag{6.5}$$

式中：C 为复杂性度量；D 为多样性度量；T 为系统层次结构树（要评价其多样性）；j 为非同构子树个数，取值从 1 到 k；k 为系统要素中子树的个数。

2）信息论与熵

系统复杂性的第二个量度建立在信息论基础之上。信息论的根源是 Shannon

(1948a，b；Shannon et al.，1998）在通信方面所做的开创性工作，将熵和信息进行了关联。信息论之父克劳德·香农（Claude Shannon）将上述概念应用于信息熵的分析，并指出：用熵来度量信息是很自然的，因为在通信理论中信息与我们在构建信息时所具有的选择自由度有关（Shannon et al.，1998，p. 13）。

式（6.6）定义了 Shannon 的信息熵概念。

Shannon 的信息熵：

$$H = -\sum_i p_i \log_2 p_i \tag{6.6}$$

式中：H 为信息熵；$\log_2$ 为以 2 为底的对数，这是因为信息论中使用了二进制逻辑；p 为与每个符号相关联的概率；i 为离散消息的数量。

在第 2 章讨论公理化设计方法时，Suh（1990，2001）修订了式（6.6）的 Shannon 信息熵，修订后的信息量公式如式（6.7）所示，它与设计参数（DP_i）满足功能需求（FR_i）的概率（p）相关。

系统信息量：

$$I_{sys} = -\sum_{i=1}^{n} \log_2[p(DP_i)] \tag{6.7}$$

应用于这种背景时，信息公理认为 I_{sys} 最小的系统设计，即信息量最少的设计，就是最佳设计。这主要是因为这样的设计需要最少的信息即可满足设计参数（DP）。再次强调，公理化设计方法论对 Shannon 信息熵的利用是非凡的，因为系统设计复杂性（通常表示为定性评估）可以表示为基于满足设计参数所需的信息熵的定量指标。

3）系统多样性

前面的度量指标都不宜用作可真正推广的系统复杂性量度。但是，有一种通用性很强的量度可以用来测量系统的复杂性，它被称为“多样性”。多样性是系统或系统元素可能存在的状态的总数（Beer，1981，p. 307），因此它是衡量一个系统复杂性的极好量度。

多样性作为系统复杂性的量度，能够计算可能存在的系统不同状态的数量，并通过式（6.8）进行计算（Flood et al.，1993，p. 26）。

多样性：

$$V = Z^N \tag{6.8}$$

式中：V 为系统状态的变化或潜在数量；Z 为每个系统要素的可能状态数；N 为系统要素的数量。

即便是一个简单系统，其多样性也会很快变得非常大。以一个包含 8 个不同子系统的系统为例，其中每个子系统有 8 个可能同时运行的通道。因此一共是 64 个不同的系统要素。在该系统中，每个要素只能有两种状态，即工作或不工作。系统生成的变量显示，该系统可能有 18446744073710000000 个状态。

在度量复杂性的三种方法中，多样性似乎是最容易计算的，因为它的计算所需的特征最少。

6.4.4　度量复杂性

如前几节所述，在系统设计工作中，对每项非功能属性进行度量的重要性是不言而喻的。这里需要构建一种结构图，将复杂性与特定指标和可测量特性联系起来。表 6.12 所示为度量复杂性的四层结构。

表 6.12　度量复杂性的四层结构

层　级	作　用
关注问题	系统设计
属性	复杂性
指标	系统复杂性
可度量特性	系统模块或部件的数量以及每个要素或模块的可能状态（即多样性）

下一节将讨论设计关注问题的另一项非功能需求，即追溯性。

6.5　追　溯　性

本节将回顾追溯性的基础知识以及追溯性在系统开发过程中的应用方法。为了理解追溯性，首先回顾其定义。

6.5.1　追溯性的定义

从系统工程的角度来看，追溯性的定义为：开发过程中两个或多个产品之间建立关系的程度，特别是相互之间具有前置-后继关系或主从关系的产品；工作产品层次结构中，工作产品的派生路径（向上）和分配或向下路径（向下）的标识化和文档化（IEEE et al.，2010，p. 378）。

追溯性作为一项非功能需求，表 6.13 中还给出了其他的定义，这有助于更好地理解该术语及其在系统设计工作中的应用。

表 6.13 追溯性的定义

定 义	来 源
在一个系统要素（用例、功能需求、业务规则、设计组件、代码模块、测试用例等诸如此类）和另一个系统要素之间定义逻辑联系的过程	Wiegers（2003，p. 490）
两个或多个逻辑实体，如需求、系统要素、验证或任务之间可辨别的关联关系	Chrissis et al.（2007，p. 636）

基于上述定义，可以看出追溯性是一种与系统寿命周期相关的非功能需求。因此，追溯性的设计从系统利益相关方开始，如图 6.3 所示。

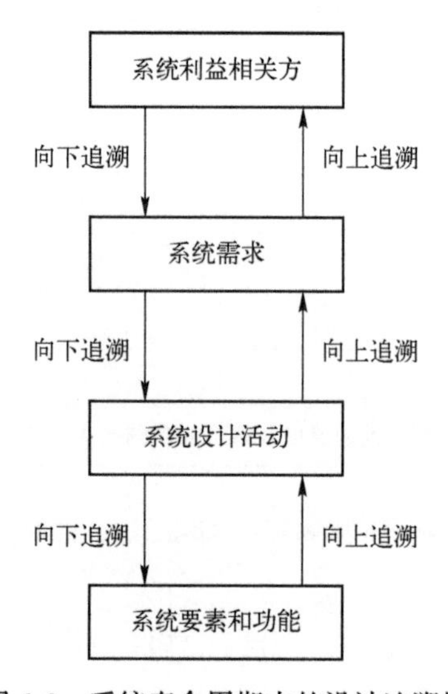

图 6.3 系统寿命周期中的设计追溯性

图 6.3 中的概念符合 Jarke（1998）提出的追溯性过程，该过程有四种追溯性链接。

（1）由需求向前。必须将实现需求的责任分配给系统部件，以便确立责任，并评价需求变化的影响。

（2）逆向到需求。必须验证系统是否符合需求，必须避免“镀金”，即对不存在的需求进行设计。

（3）向前到需求。利益相关方需求的改变、技术假设的变化，要求对需求相关性进行彻底的重新评估。

（4）由需求逆向。确认需求时，需求背后的贡献结构至关重要，尤其是在高度政治化的情况下（Jarke，1998，p. 32）。

利益相关方需求追溯到系统需求、系统需求追溯到设计产品、设计产品追溯到系统要素和功能（即前向追溯性），以及反向追溯（即逆向追溯性）的能力，是所有具有良好文档记录的系统设计工作不可或缺的特征。前向追溯性的目的是确保系统构建能够满足利益相关方规定和认可的需求，逆向追溯性的目的是确保未经客户正式认可的需求不会以所谓需求蠕变的方式悄悄地进入系统设计。

必须防止需求蠕变，因为外加的、未批准的需求最终会与经过批准的需求争夺宝贵的设计空间，并可能最终降低系统与批准需求相关的性能。未经批准的需求也可能会显著增加系统开发相关成本并导致进度延误，同时还不会改善系统满足利益相关方原始需求的能力（Faulconbridge et al.，2003，p. 41）。

在正式定义追溯性的基础上，现在可以将其作为正式设计过程的具体组成部分进行讨论。

6.5.2　系统设计工作的追溯性

需要注意的一点是，关于系统设计的许多重要问题只能通过理解图 6.3 中设计层级之间关系的来予以回答。记录此类关系会引起更多的思考，并使你的思维接受同行评议（Dick，2005，p. 14）。规范的设计过程含有追溯性关系的明确。

追溯性是确保系统设计抗差/稳健性的一种主要因素，这种设计能满足利益相关方所明确的需求。IEEE 1220 标准—系统工程过程应用与管理（IEEE，2005）对追溯性进行了阐述，并在相关章节对九个具体方面进行了强调。

（1）作为 5.11.3 节系统定义阶段的一个要素。应在子系统之间分配系统产品的功能和性能要求，目的是确保从系统产品到其各子系统，以及从子系统到其所属产品的需求都具有追溯性（IEEE，2005，p. 22）。

（2）作为 5.2.1.1 节初步设计阶段的一个要素。应在部件之间对子系统性能要求进行分配，目的是确保从子系统到适当部件，以及从部件到子系统的需求都具有追溯性（IEEE，2005，p. 25）。

（3）作为 5.2.1.2 节初步设计阶段的一个要素。应在部件之间对组件性能要求进行分配，目的是确保从组件到其各部件，以及从部件到其所属组件的要求都具有追溯性（IEEE，2005，p. 25）。

（4）作为 5.3.1.1 节详细设计阶段的一个要素。应在子部件之间对部件需求进行分配，目的是确保在两个方向上都具有追溯性（IEEE，2005，p. 29）。

（5）作为 6.3.1.3 节功能分析流程的一个要素。项目要记录从系统性能要求到功能的分配情况，以提供追溯性并便于以后更改（IEEE，2005，

p. 46)。

(6) 作为6. 5. 1节设计综合过程的一个要素。要建立并记录需求的追溯性，目的是确保将所有功能分配给系统要素，每个系统要素应至少执行一项功能（IEEE，2005，p. 51）。

(7) 作为6. 5. 18节设计综合过程的一个要素。设计架构应包括需求跟踪和分配矩阵，矩阵要捕获系统要素之间的功能和性能要求分配情况（IEEE，2005，p. 53）。

(8) 作为6. 6. 2. 1节设计验证过程的一个要素。设计要素描述要能追溯到功能架构（向上追溯）中的需求（IEEE，2005，p. 55）。

(9) 作为6. 6. 8节设计验证过程的一个要素。项目要生成一个基于服务的软件（SBS），描述构成系统架构的产品和过程层次结构，项目利用SBS可实现追溯性（IEEE，2005，p. 17）。

6. 5. 3 追溯性的评估方法

追溯性已在系统设计过程中进行了定义，那么应如何进行度量呢？这个问题很难回答，因为追溯性是一种主观的、定性的度量指标，不同于大多数非功能需求已经阐明的、客观且定量的度量指标。为了理解如何进行主观的、定性的测量，首先对如何测量主观的、定性的对象进行简要分析。

1) *度量量表的开发*

为了评估追溯性，需要针对系统设计中可追溯性的9个领域提出追溯性工作存在与否和质量好坏的问题。这种情况下，9个领域或对象均必须与特定的可测量的属性相关联。度量指标非常重要，因为它是可观察的、真实的、经验性的事实与作为评价的结构，即追溯性之间的链接。此时，度量指标定义为：通过自主报告、访谈、观察或其他方式所收集到的观察分值（Edwards et al.，2000，p. 156）。

度量量表的选择，是为追溯性制定合理量度的一个重要因素。量表是指模型中的理论变量，标度或量度是模型中变量值的经验性事件的依附（Cliff，1993，p. 89）。因为度量涉及将若干数字分配给不同对象，以此来反映对象拥有特性的数量或程度（Torgerson，1958，p. 19），因此量表类型是一个重要的选择标准。Stevens（1946，p. 677）在其关于度量的开创性工作中指出，度量量表类型取决于所执行的经验性基本作业的特性，上述作业通常受到量表对象的性质以及对程序选择的限制。量表分为四种类型（Coombs et al.，1954）。由于这里选择的9个度量领域或对象没有自然原点或经验定义的距离，因此选择序数量表作为度量追溯性属性的适当量表。序数量表是指满足以下三个标准的量表：

(1) 按照一项属性对一组对象从大到小排序；

(2) 没有说明任何对象拥有该属性的绝对程度；

(3) 没有说明对象之间就该属性而言相差多远（Nunnally，1967，p. 121）。

序数量表上只提供一个速记符号，用以表示量表上各量度的相对位置。建议采用熟知的量表类型——Likert 量表来评价追溯性。由于已经证明 Likert 序数量表设计采用5个点及以下具有更高的可靠性（由 Cronbachs（1951）的相关系数 α 衡量），并且在使用 5 个点以上时，可靠性也能保持平缓水平（Lissitz et al.，1975，p. 13），因此下一节追溯性量表的设计采用 5 个点，目的是提高可靠性。

在继续描述追溯性度量之前，必须就量表开发提出两个要点。第一点，量表是建议的量表或标度。建议的标度是由一些研究人员提出的，具有必备的属性，如果确实证明具有此类属性，则可以将其视为量表（Cliff，1993，p. 65）。在本章，采用的“量表”是指建议的量表。这似乎是一个无关紧要的问题，但在量表获得接受并成功运用之前，仍然是属于建议性质的。第二点，使用序数量表会限制度量工作，但只涉及部分统计，如秩相关系数 r、肯德尔（Kendall）W 系数，方差、中位数和百分位数的秩分析（Kerlinger et al.，2000，p. 363）。由于当前的追溯性评价技术很少用到这些量度，所以使用序数量表所引起的统计限制是可接受的。

2) 建议的追溯性量表

掌握结构、量度属性及合适的量表类型后，就可以构造追溯性量度了。为了评价追溯性，需要回答一些问题，这些问题涉及9个领域的问题，即追溯性存在与否和质量的好坏高低。根据寿命周期阶段和系统工程过程，对9个结构以及相关的度量考虑因素进行了重新排列（表6.14）。

表6.14 追溯性的量度结构

寿命周期阶段或过程	IEEE 1220 标准章节	测量的追溯性问题
概念设计	5.1.13	系统产品功能和性能要求应在子系统之间进行分配，确保从系统产品到其各子系统，以及从子系统到所属产品的需求都具有追溯性
初步设计	5.2.1.1	子系统性能要求应在组件之间进行分配，确保从子系统到适当组件，以及从组件到子系统的需求都具有追溯性
	5.2.1.2	组件性能要求应在部件之间进行分配，确保从组件到其部件，以及从部件到子组件的需求都具有追溯性

续表

寿命周期阶段或过程	IEEE 1220标准章节	测量的追溯性问题
详细设计	5.3.1.1	部件需求应在子部件之间进行分配，确保在两个方向上都具有追溯性
功能分析	6.3.1	项目要记录从系统性能要求到功能的分配情况，以提供追溯性并便于以后更改
设计综合	6.5.1	要建立并记录需求的追溯性，确保将所有功能分配给系统要素；每个系统要素至少执行一项功能
	6.5.18	设计架构应包括需求跟踪和分配矩阵，用于获取系统要素之间的功能和性能需求分配情况
设计验证	6.6.2.1	设计要素描述可追溯到功能架构（向上追溯）中的需求
	6.6.8	项目要生成基于服务的软件（SBS），描述构成系统架构的产品和过程的层次结构。SBS可用于项目的追溯性

为了评价符合追溯性概念的设计能力，应拟定一个具体问题，要能对9个设计追溯性度量所关注问题进行评价。问题的答案包含在5个分值的Likert量表中。表6.15给出了与每个度量考虑因素相关的测量结构和问题。

表6.15 设计追溯性的度量问题

指　标	追溯性度量考虑因素
T_{cd}	概念设计是否提供了从系统产品到其子系统、从子系统到其父产品的需求追溯性的客观质量证据
T_{pd1}	初步设计是否提供了从子系统到适当组件，以及从组件到其上级子系统的需求追溯性的客观质量证据
T_{pd2}	初步设计是否提供了从组件到其各部件、从部件到其所属组件的追溯性的客观质量证据
T_{dd}	详细设计是否提供了客观的质量证据，能确保从部件到子部件的需求追溯性在两个方向上都得到保持
T_{fa}	功能分析过程是否为系统性能要求分配给功能提供了客观的质量证据，以提供追溯性并便于以后变更
T_{s1}	设计综合过程是否提供了客观的质量证据，确保建立和记录了需求追溯性，所有功能分配给了系统要素，并且每个系统要素至少执行一项功能
T_{s2}	设计综合过程是否提供了客观的质量证据，能确保设计架构包含需求跟踪和分配矩阵，并可用于获取系统要素之间的功能和性能需求分配情况
T_{v1}	验证过程是否提供了客观的质量证据，证明设计元素能够描述追溯到功能架构的需求（向上追溯）
T_{v2}	验证过程是否提供了客观的质量证据，证明已生成系统分解结构，能描述构成系统架构的产品和过程的层次结构

采用表 6.16 的 Likert 度量值对表 6.15 中每个问题的答案进行评分。

表 6.16　追溯性度量的 Likert 量表

指　　标	描 述 符	度 量 准 则
0.0	无	没有客观质量证据
0.5	有限的	存在有限的客观质量证据
1.0	名义的	存在名义的客观质量证据
1.5	广泛的	存在广泛的客观质量证据
2.0	大量的	存在大量的客观质量证据

系统追溯性的总体度量是九个追溯性度量的分值之和，如式（6.9）所示。

系统追溯性的广义函数：

$$T_{sys} = \sum_{i=1}^{n} T_i \tag{6.9}$$

系统追溯性的展开函数：

$$T_{sys} = T_{cd} + T_{pd1} + T_{pd2} + T_{dd} + T_{fa} + T_{s1} + T_{s2} + T_{v1} + T_{v2} \tag{6.10}$$

式（6.10）中九项构成之和，可作为表 6.16 所示系统设计工作中的追溯性度量。

6.5.4　度量追溯性

如前所述，在系统设计工作中，对每项非功能属性进行度量是必不可少的。这里构建了将追溯性与特定指标和可测量特性联系起来的结构图，表 6.17 给出了度量追溯性的四层结构。

表 6.17　度量追溯性的四层结构

层　　级	作　　用
关注问题	系统设计
属性	追溯性
指标	系统追溯性
可度量特性	概念设计追溯性（T_{cd}）、初步设计追溯性（T_{pd1}，T_{pd2}）、详细设计追溯性（T_{dd}）、功能分析追溯性（T_{fa}）、设计综合追溯性（T_{s1}，T_{s2}）和验证追溯性（T_{v1}，T_{v2}）

6.6 本章小结

本章讨论了简洁性、模块化、简单性和追溯性等非功能需求，对每个术语都提供了一个正式的定义以及补充的解释性定义、术语和公式，阐述了在设计过程中有目的地考虑非功能需求的能力，最后提出了一种形式化的指标和特性衡量方法，用于评估每项非功能需求属性。

下一章将讨论兼容性、一致性、互操作性非功能需求，它们是系统设计工作的一部分。

参考文献

Ameri, F., Summers, J. D., Mocko, G. M., & Porter, M. (2008). Engineering design complexity: An investigation of methods and measures. *Research in Engineering Design, 19*(2–3), 161–179.

Ashby, W. R. (1958). Requisite variety and its implications for the control of complex systems. *Cybernetica, 1*(2), 83–99.

Ashby, W. R. (1968). Variety, constraint, and the law of requisite variety. In W. Buckley (Ed.), *Modern systems research for the behavioral scientist* (pp. 129–136). Chicago: Aldine Publishing Company.

Baldwin, C. Y., & Clark, K. B. (2006). Modularity in the design of complex engineering systems. In D. Braha, A. A. Minai, & Y. Bar-Yam (Eds.), *Complex engineered systems* (pp. 175–205). Berlin: Springer.

Bar-Yam, Y. (2004). Multiscale variety in complex systems. *Complexity, 9*(4), 37–45.

Bashir, H. A., & Thomson, V. (1999). Estimating design complexity. *Journal of Engineering Design, 10*(3), 247–257.

Becker, O., Asher, J. B., & Ackerman, I. (2000). A method for system interface reduction using N2 charts. *Systems Engineering, 3*(1), 27–37.

Beer, S. (1981). *Brain of the Firm*. New York: Wiley.

Booch, G. (1994). *Object-oriented analysis and design with applications* (2nd ed.). Reading, MA: Addison-Wesley.

Braha, D., & Maimon, O. (1998). The measurement of a design structural and functional complexity. *IEEE Transactions on Systems, Man and Cybernetics—Part A: Systems and Humans, 28*(4), 527–535.

Briand, L. C., Wüst, J., Daly, J. W., & Victor Porter, D. (2000). Exploring the relationships between design measures and software quality in object-oriented systems. *Journal of Systems and Software, 51*(3), 245–273.

Browning, T. R. (2001). Applying the design structure matrix to system decomposition and integration problems: A review and new directions. *IEEE Transactions on Engineering Management, 48*(3), 292–306.

Budgen, D. (2003). *Software design* (2nd ed.). New York: Pearson Education.

Chidamber, S. R., & Kemerer, C. F. (1994). A metrics suite for object oriented design. *IEEE Transactions on Software Engineering, 20*(6), 476–493.

Chrissis, M. B., Konrad, M., & Shrum, S. (2007). *CMMI: Guidelines for process integration and product improvement* (2nd ed.). Upper Saddle River, NJ: Addison-Wesley.

Cliff, N. (1993). What is and isn't measurement. In G. Keren & C. Lewis (Eds.), *A handbook for data analysis in the behavioral sciences: Methodological issues* (pp. 59–93). Hillsdale, NJ: Lawrence Erlbaum Associates.

Conant, R. C. (1976). Laws of information which govern systems. *IEEE Transactions on Systems, Man and Cybernetics, SMC, 6*(4), 240–255.

Coombs, C. H., Raiffa, H., & Thrall, R. M. (1954). Some views on mathematical models and measurement theory. *Psychological Review, 61*(2), 132–144.

Cronbach, L. J. (1951). Coefficient alpha and the internal structure of tests. *Psychometrika, 16*(3), 297–334.

Dick, J. (2005). Design traceability. *IEEE Software, 22*(6), 14–16.

Edwards, J. R., & Bagozzi, R. P. (2000). On the nature and direction of relationships between constructs and measures. *Psychological Methods, 5*(2), 155–174.

Eppinger, S. D., & Browning, T. R. (2012). *Design structure matrix methods and applications*. Cambridge, MA: MIT Press.

Faulconbridge, R. I., & Ryan, M. J. (2003). *Managing complex technical projects: A systems engineering approach*. Norwood, MA: Artech House.

Flood, R. L., & Carson, E. R. (1993). *Dealing with complexity: An introduction to the theory and application of systems science* (2nd ed.). New York: Plenum Press.

Gershenson, J. K., Prasad, G. J., & Zhang, Y. (2003). Product modularity: Definitions and benefits. *Journal of Engineering Design, 14*(3), 295.

Gershenson, J. K., Prasad, G. J., & Zhang, Y. (2004). Product modularity: Measures and design methods. *Journal of Engineering Design, 15*(1), 33–51.

Halstead, M. H. (1977). *Elements of Software Science*. Elsevier North-Holland, Inc., Amsterdam.

Hauser, J. R., & Clausing, D. P. (1988). The house of quality. *Harvard Business Review, 66*(3), 63–73.

Henneman, R. L., & Rouse, W. B. (1986). On measuring the complexity of monitoring and controlling large-scale systems. *IEEE Transactions on Systems, Man and Cybernetics, 16*(2), 193–207.

Henry, S., & Kafura, D. (1984). The evaluation of software systems' structure using quantitative software metrics. *Software: Practice and Experience, 14*(6), 561–573.

Hölttä-Otto, K., & de Weck, O. (2007). Degree of modularity in engineering systems and products with technical and business constraints. *Concurrent Engineering, 15*(2), 113–126.

Hornby, G. S. (2007). Modularity, reuse, and hierarchy: Measuring complexity by measuring structure and organization. *Complexity, 13*(2), 50–61.

Huberman, B. A., & Hogg, T. (1986). Complexity and adaptation. *Physica D: Nonlinear Phenomena, 22*(1–3), 376–384.

IEEE. (2005). *IEEE standard 1220: Systems engineering—application and management of the systems engineering process*. New York: Institute of Electrical and Electronics Engineers.

IEEE, & ISO/IEC (2010). *IEEE and ISO/IEC standard 24765: Systems and software engineering—vocabulary*. New York and Geneva: Institute of Electrical and Electronics Engineers and the International Organization for Standardization and the International Electrotechnical Commission.

Jarke, M. (1998). Requirements tracing. *Communications of the ACM, 41*(12), 32–36.

Johnson, N. (2007). *Simply complexity: A clear guide to complexity theory*. Oxford: Oneworld Publications.

Jung, W. S., & Cho, N. Z. (1996). Complexity measures of large systems and their efficient algorithm based on the disjoint cut set method. *IEEE Transactions on Nuclear Science, 43*(4), 2365–2372.

Kerlinger, F. N., & Lee, H. B. (2000). *Foundations of behavioral research*. Fort Worth: Harcourt College Publishers.
Kitchenham, B. A., Pickard, L. M., & Linkman, S. J. (1990). An evaluation of some design metrics. *Software Engineering Journal, 5*(1), 50–58.
Koomen, C. J. (1985). The entropy of design: A study on the meaning of creativity. *IEEE Transactions on Systems, Man and Cybernetics, SMC, 15*(1), 16–30.
Lissitz, R. W., & Green, S. B. (1975). Effect of the number of scale points on reliability: A Monte Carlo approach. *Journal of Applied Psychology, 60*(1), 10–13.
Martin, M. V., & Ishii, K. (2002). Design for variety: Developing standardized and modularized product platform architectures. *Research in Engineering Design, 13*(4), 213–235.
McCabe, T. J. (1976). A complexity measure. *IEEE Transactions on Software Engineering, SE, 2*(4), 308–320.
McCabe, T. J., & Butler, C. W. (1989). Design complexity measurement and testing. *Communications of the ACM, 32*(12), 1415–1425.
Mikkola, J. H., & Gassmann, O. (2003). Managing modularity of product architectures: Toward an integrated theory. *IEEE Transactions on Engineering Management, 50*(2), 204–218.
Min, B.-K., & Soon Heung, C. (1991). System complexity measure in the aspect of operational difficulty. *IEEE Transactions on Nuclear Science, 38*(5), 1035–1039.
Newcomb, P. J., Bras, B., & Rosen, D. W. (1998). Implications of modularity on product design for the life cycle. *Journal of Mechanical Design, 120*(3), 483–490.
Nunnally, J. C. (1967). *Psychometric theory* (3rd ed.). New York: McGraw-Hill.
Shannon, C. E. (1948a). A mathematical theory of communication, part 1. *Bell System Technical Journal, 27*(3), 379–423.
Shannon, C. E. (1948b). A mathematical theory of communication, part 2. *Bell System Technical Journal, 27*(4), 623–656.
Shannon, C. E., & Weaver, W. (1998). *The mathematical theory of communication*. Champaign, IL: University of Illinois Press.
Simon, H. A. (1996). *The sciences of the artificial* (3rd ed.). Cambridge, MA: MIT Press.
Sosa, M. E., Eppinger, S. D., & Rowles, C. M. (2007). A network approach to define modularity of components in complex products. *Journal of Mechanical Design, 129*(11), 1118–1129.
Stevens, S. S. (1946). On the theory of scales of measurement. *Science, 103*(2684), 677–680.
Steward, D. V. (1981). The design structure system: A method for managing the design of complex systems. *IEEE Transactions on Engineering Management, EM, 28*(3), 71–74.
Suh, N. P. (1990). *The principles of design*. New York: Oxford University Press.
Suh, N. P. (2001). *Axiomatic design: Advances and applications*. New York: Oxford University Press.
Suh, N. P. (2005). *Complexity: Theory and applications*. New York: Oxford University Press.
Summers, J. D., & Shah, J. J. (2010). Mechanical engineering design complexity metrics: size, coupling, and solvability. *Journal of Mechanical Design, 132*(2), 021004.
Torgerson, W. (1958). *Theory and methods of scaling*. New York: Wiley.
Wiegers, K. E. (2003). *Software requirements* (2nd ed.). Redmond, WA: Microsoft Press.
Yourdon, E., & Constantine, L. L. (1979). *Structured design: Fundamentals of a discipline of computer design and systems design*. Englewood Cliffs, NJ: Prentice-Hall.
Yu, T.-L., Yassine, A. A., & Goldberg, D. E. (2007). An information theoretic method for developing modular architectures using genetic algorithms. *Research in Engineering Design, 18*(2), 91–109.

第7章　兼容性、一致性、互操作性

在系统寿命周期的设计阶段，系统和部件设计需要目的明确的活动，以确保有效的设计和可行的系统。设计师面临大量的设计问题，必须将其嵌入到设计的每一项思想和文档实例中。其中三个关注问题要通过兼容性、一致性和互操作性等非功能需求来解决。对这三项非功能需求的正式理解需要有相关定义、术语和公式，还要理解如何在系统设计工作中控制其影响、度量其结果。

7.1 引　言

本章讨论三个主题，即兼容性、一致性和互操作性。

7.2 节分析了兼容性概念及其基本术语、函数以及构成其运用的基础概念，讨论了兼容性与标准之间的关系，推荐了一种可在系统设计中评价兼容性的量度。

7.3 节讨论了一致性的概念及其对系统设计的影响，对设计一致性进行了定义和综述，最后推荐了一个基于需求验证、功能验证及设计验证活动的一致性度量，给出了将一致性指标与度量属性关联起来的结构。

7.4 节通过给出互操作性定义与模型对，讨论了多种评价互操作性的方法，推荐了一种度量方法，最后给出了互操作性指标和可度量的特征。

本章提出了一个具体的学习目标和相关子目标。学习目标是能够识别兼容性、一致性和互操作性等属性如何影响系统设计，由以下具体子目标支持：

（1）定义兼容性；

（2）描述与兼容性标准相关的术语；

（3）构建将兼容性与特定指标和可测量特性联系起来的结构图；

（4）定义一致性；

（5）构建将一致性与特定指标和可测量特性联系起来的结构图；

(6) 定义互操作性;
(7) 描述互操作性的类型;
(8) 构建将互操作性与特定指标和可测量特性联系起来的结构图。
通过掌握以下内容实现上述目标。

7.2 兼容性

本节阐述兼容性的基础知识以及如何应用于系统开发过程。兼容性还不是大家熟知的非功能需求，首先要能清晰定义和理解。

7.2.1 兼容性的定义

从系统工程的角度来看，兼容性的定义为：两个或多个系统或部件在共享同一硬件或软件环境的情况下执行所需功能的程度；两个或多个系统或部件交换信息的能力（IEEE and ISO/IEC，2010，p. 62）。

兼容性的第二个定义非常接近互操作性的定义，即两个或多个系统或部件交换信息以及使用已交换信息的能力（IEEE et al.，2010，p. 186）。

互操作性在本章 7.4 节讨论，因此本节对兼容性的讨论将仅使用第一个定义，关注重点是系统与其他系统协同工作而无须改动的能力。通过采用这种方式限制定义，建立了与标准概念的直接联系，而该标准是确保系统工作兼容性的主要手段。

7.2.2 标准——确保系统兼容性的手段

采用兼容的部件是每个离散系统的基本要求。系统必须具有能够协同工作的兼容部件，以支持系统及其目标。负责系统设计工作的人员应尽一切努力减少设计中独特的部件数量，以满足保障因素及成本考虑。因此，大多数系统都是基于现有的、商业上可用的部件设计的。在各种设计中使用此类部件的能力取决于兼容性标准。兼容性标准定义了接口要求，允许不同产品（通常来自不同生产商）利用相同的补充商品和服务，或在网络中实现连接（Grindley，1995，p. 9）。

兼容性标准是通过广泛接受产品规范而建立的，产品规范采用表 7.1 所示四种方法之一制定。

表 7.1　建立标准的类型和方法

类　　型	方法	说　　明
事实标准，由市场媒介力量形成	无发起	一套规范，没有确定拥有所有权权益的发起方，也没有任何后续的支持机构，但在公共领域中仍然以良好记录的形式存在（David et al.，1990，p. 4）
	有发起	一个或多个发起实体，他们拥有直接或间接的所有权权益（供应商或用户，以及可能加入此类企业的私营合作投资商），为其他公司采用特定技术规范创造了动力（David et al.，1990，p. 4）
委员会标准，由政策过程产生	自愿	由自愿标准编写组织在内部达成并发布的标准协议（David et al.，1990，p. 4）
	强制	由具有一定管理权限的政府机构颁布（David et al.，1990，p. 4）

全球经济的许多部门都需要兼容性标准。可以非常肯定地说，如果没有大量的兼容性标准，系统的设计、构建和使用都是经济不可承受的。现有数百个正式标准发布机构在发布和维护旨在确保兼容性的正式标准。此类机构很少由政府管理，大多数是自愿的，并且此类兼容性标准是由支持经济领域特定行业和相关部门的贸易、专业和技术组织编写的。在美国，美国国家标准协会（ANSI）的使命是：通过促进自愿协商一致的标准和评估体系，并维护其完整性，来提高美国企业的全球竞争力和美国人民的生活质量。

在国际上，国际标准化组织（ISO）和国际电工委员会（IEC）在兼容性标准方面达成了自愿的、全行业的共识。

兼容性标准的影响非常巨大。想象一下，缺乏足够的兼容性标准会如何影响数百万人的日常生活，这些简单的系统部件没有适用标准的情况如何。

（1）电气插座；

（2）电子连接器；

（3）螺纹；

（4）电池尺寸；

（5）管路尺寸；

（6）电缆和接线尺寸；

（7）轮辋和轮胎；

（8）频谱频率编号。

事实上，许多 ANSI 和 ISO/IEC 标准对系统从业者和系统工程具有直接影响，其中部分标准如表 7.2 所示。

表 7.2 ANSI 和 ISO/IEC 系统标准

标准	说明
ANSI/EIA 632 标准：工程系统过程	定义在工程实现系统的过程中“做什么”
ANSI/EIA 731：系统工程能力	提供了一个能力模型和评估方法，作为确定过程“有多好”的基础和手段，过程指 ANSI/EIA 632 标准所定义与实施的过程
IEEE 15288 和 ISO/IEC 15288 标准：系统和软件工程—系统寿命周期过程	建立描述人造系统寿命周期的通用过程框架。为整个寿命周期定义了一套过程和相关术语，包括概念、开发、生产、运用、保障和退役
IEEE 24765 和 ISO/IEC 24765 标准：系统和软件工程—词汇	提供了适用于所有系统和软件工程工作的通用词汇

采纳并运用兼容性标准具有三个明确的好处和代价（Shapiro，2001）。

首先，购买方将产品兼容性视为一种好处，因为他们感觉不会陷入困境，主要原因是产品设计和生产是按照公认标准进行的，从而保护购买方避免每种产品只有一个的限制。

其次，系统设计人员是从标准限制自身设计决策的角度来看待兼容性。由于设计决策受到限制，因此会产生因种类有限所造成的静态损失以及由创新有限所造成的动态损失相关的潜在财务成本。

最后，管理层则将兼容性标准视为早期开发过程中消除竞争的一种手段，并通过确保产品在整个寿命周期内与其他产品的兼容性来延长产品寿命。

总之，标准是系统的必然产物，互补的产品能共同满足用户需求（Shapiro，2001，p. 82）。

7.2.3 系统设计工作的兼容性

IEEE 1220 标准—系统工程过程应用与管理（IEEE，2005）在两个章节对兼容性进行了强调。

（1）作为 6.6.2 节设计验证过程的一个要素。验证评价内容包括：保证其他寿命周期保障职能兼容性与系统设计保持一致的方法；设计元素解决方案能够满足确认后的需求基线。要对验证结果进行评价，确保设计元素解决方案表现出的行为是预期的，并能够满足需求。

（2）作为 6.8.1.1 节控制过程的一个要素。存在接口兼容性评价时要对接口进行管理。

从上述过程活动中提炼最重要的概念，即利用规定的设计要求和约束来验证提议设计的兼容性。

7.2.4 设计中的兼容性评价

设计兼容性分析（DCA）是一个过程，侧重于确保拟议设计能够与原始设计要求中的规范保持兼容。虽然这看起来不值一提，但许多拟议设计都偏离了最初的要求以及相关规范。设计兼容性分析的基本目标是：“工程设计中的一项重要任务是，确保设计要素彼此之间以及设计要素与设计规范（要求和约束）之间保持兼容性。重大设计决策，如部件的选择、系统类型的确定以及部件大小的调整，都必须考虑到兼容性问题。部分设计特性能够很好匹配，而另一些则可能完全不符合要求的设计规范”（Ishii et al.，1988，p. 55）。

进行设计兼容性分析的小组应遵循图7.1中的原理，其中对拟议的设计与需求和规范进行比较，同时利用兼容性知识库作为指南。如果拟议的设计兼容性不足，则需要重新设计或重新制定规范。

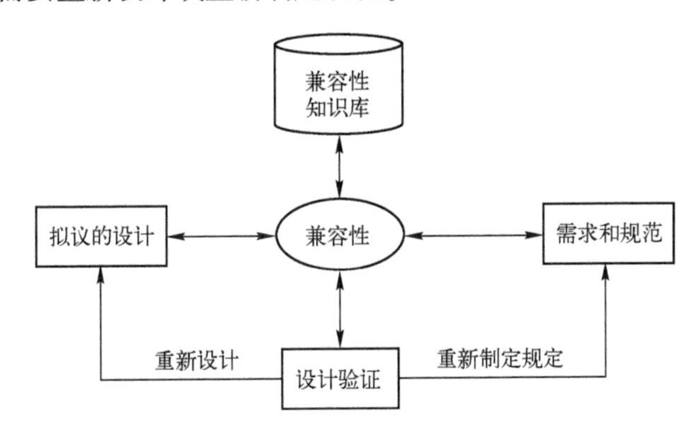

图7.1 设计兼容性分析的原理（Ishii et al.，1988，Fig. 1）

7.2.5 度量设计兼容性方法

可以利用模糊度量理论对兼容性进行评价（Ishii and Sugeno，1985；Zadeh，1965）。模糊度量用于对拟议设计相对要求和规范的兼容性进行量化，如图7.1所示。模糊度量能够提供一个置信度或一个匹配指数（*MI*），以评价拟议设计的效用。匹配指数的说明如下：

匹配指数是介于0~1的标准化标度，*MI*为0表示完全不兼容的设计，等于1表示完全平衡的设计，取值0.5则表示没有可用的兼容性信息。对于可接受的设计，匹配指数必须大于0.5。如果缺乏兼容性知识，则用户可能会遇到匹配指数为0.5的情况，但比较成熟的知识库应该会对设计产生更加正面或负面的意见（Ishii et al.，1988，p. 57）。

匹配指数从数学上可用式（7.1）表示。

$$MI = \sum_K \text{utility}(s) * M(s), \quad s \in K \tag{7.1}$$

式中：utility(s)为设计元素的评价权重，且 Σutility(s) = 1.0；$M(s)$为设计元素 s 的兼容性；K 为整组设计元素。

虽然对匹配指数进行全面讨论和推导超出了本章范围，但鼓励读者进一步分析将匹配指数作为设计兼容性度量的文献（Ishii，1991；Ishii et al.，1988）。

7.2.6 度量兼容性

第3章末提到了度量非功能属性的重要性。这里构建了将兼容性与特定指标和可测量特性联系起来的结构，表7.3给出了兼容性的四层结构。

表7.3 度量兼容性的四层结构

层　　级	作　　用
关注问题	系统设计
属性	兼容性
指标	设计兼容性
可度量特性	设计匹配指数

7.3 一　致　性

本节将讨论一致性的基础知识以及如何在系统设计中应用一致性的问题。一致性是另一个不为人所熟知的非功能需求，必须首先明确定义和理解。

7.3.1 一致性定义

从系统工程的角度来看，一致性的定义为：文档、系统零件或部件之间的统一性、标准化和不矛盾的程度；提供统一的设计、实现技术及注解的软件属性（IEEE et al.，2010，p.73）。

一致性也可以从其简化的哲学定义来理解：一种语义概念，即如果两个或两个以上的陈述在某种解释下同时成立，则称其是一致的（Audi，1999，p.177）。从工程意义角度，在比较和对比设计产品（即规范）的一致性时，一致性有如表7.4所定义的两种形式。

表 7.4　一致性形式

一致性形式	定　　义
内部一致性	规范中的产品彼此不冲突（Boehm，1984，pp. 77-78）
外部一致性	规范中的产品与外部规范或实体不冲突（Boehm，1984，78）

7.3.2　系统设计工作的一致性

在大型系统设计工作中，一致性的重要性怎么强调都不为过。由于设计元素是相互关联的，并且从利益相关方需求到每一个较低层次的设计产品是分层持续传递的，一致性的必要性也由此产生。一致的设计能够确保完整设计的所有元素都得到适当的体现，确保其相互之间不会冲突，也不会与较高层级的规范或实体发生冲突。一个高度一致设计的系统，在组装和实现时，可以为用户提供可预测的行为和更强的易用性。最近的研究表明，网站的应用语言保持一致会对用户满意度和网站应用能力产生显著影响（Ozok et al.，2000）。

一个可预测的系统，用户对其行为会产生什么样的结果具有某种本能的想法。确保系统可预测的一个关键设计元素即是一致性。在开创性著作《设计用户界面：有效人机交互策略》中，Ben Schneiderman（1997）列出了交互设计的八条黄金规则。第一条规则就是努力保持一致性。Schneiderman 指出，在构建人机界面时，以下措施能确保一致性：

（1）在类似情况下，应采取一致的活动顺序；

（2）提示、菜单和帮助屏幕中应使用相同的术语；

（3）应始终使用一致的命令。

交付一个可预测的系统是通过应用通用的设计原则来实现的。设计原则是策略说明，能帮助系统实践人员在设计过程中做出明智的决策，设计原则包含高层次指南，在应用于实际设计之前需要对其完全理解。

尽管对一致性设计的需要很明显，但 IEEE 1220 标准—系统工程过程应用和管理（IEEE，2005）并没有直接提及“一致性”或“可预测”。一致性能作为目的明确的系统设计的一个特征，从工程设计的角度来看，原因是一致性有一个主要目的，即确保构成整个工程设计的每个模型都能够同时产生正确的产品，且能体现相同的设计模型。传统上，这是作为系统验证和确认过程的一部分来完成的，具体如下所述。

（1）作为 6.2.4 节需求验证过程的一个元素。系统需求中的差异和冲突可通过需求分析迭代的方式予以确定和解决，目的是纠正需求基准。

（2）作为 6.4.3 节功能验证过程的一个元素。系统功能、功能架构、性能度量及约束中的差异和冲突可以通过功能需求迭代和需求分析的方式予以确定和解决，目的是纠正已验证过的功能架构。

(3) 作为6.6.3节设计验证流程的一个要素。系统设计中的差异和冲突可通过综合和功能分析迭代的方式予以确定和解决，目的是纠正设计元素。

7.3.3 设计中评价一致性的方法

评估一致性实际上是确保不同视角的模型形成相同的总体设计模型的过程(Budgen, 2003, p.384)。现有文献还没有关于如何评估一致性的方法和技巧的信息。完成IEEE 1220标准(IEEE 2005)的需求验证(6.2.4节)、功能验证(6.4.3节)和设计验证(6.6.3节)工作，即可确保一致性作为一项高层任务得到了处理。Boehm(1984)建议采用以下方法：

手动交叉引用：交叉引用包括阅读和构造交叉引用表和图，以明确设计实体之间的相互作用。对于许多大型系统而言，上述方法可能非常麻烦，此时建议使用自动交叉引用工具。

自动交叉引用：自动交叉引用涉及利用机器来分析设计产品中包含的语言。

面谈：与设计人员讨论设计产品，是识别或清除潜在问题的合乎逻辑方法，面谈特别有助于解决、理解问题和阐明高风险问题。

核查单：根据设计验证和确认小组的经验，可以使用专门的清单来确保在小组审查期间解决重大问题。核查单可由设计评审小组用作指南，并不代表另外的或补充的系统需求。

简单场景：场景描述了系统一旦运行后将如何工作，非常有助于弄清规范和设计产品之间的误解或不匹配。

详细场景：更详细和更广泛的系统使用场景描述比简单场景更有效。但在设计评审期间，与详细场景相关的成本通常受到很大限制，因此通常建议将其作为后期生产试验和评价阶段的一部分。

原型样机：有些设计产品非常抽象，甚至如果不开发一个工作原型样机就无法对其可行性进行研究。与详细场景一样，在设计评审期间，该项成本非常高。尽管如此，原型样机仍然是必要的，目的是消除设计中的模糊性和不一致性，通常在生产阶段之前有这种需要。

7.3.4 设计中度量一致性的方法

前面各节对一致性进行了定义，指出了在系统设计过程中需要解决一致性的环节，并讨论了在设计中评价一致性的部分方法。度量的目标是确保设计过程中将一致性作为目的明确的要素来处理。为了确保系统设计过程中能够采取一些措施来保证一致性，设计工作应该有一些度量指标。与追溯性一样，一致性的标准也是主观的、定性的量度，这类量度需要对前面已经确定的三个设计过程回答一致性是否存在以及工作质量如何的问题。这里，一致性要与可用作量度的特定可测量属性相关联。再次强调，度量指标非常重要，因为指标是可观察的、真实的、经验性的事实与作为评估点的结构之间的连接。

1）设计一致性的量表

正如上一章讨论追溯性量表的开发时所述，度量量表的选择是开发设计一致性适当量度的一个重要因素。由于确定评价点的三个设计过程，即需求验证、功能验证和设计验证，都没有自然原点或经验定义的距离，因此选择序数量表作为度量一致性属性的量度。这里提出了一种用于评价设计一致性的Likert量表。为了提高可靠性，采用5点Likert量表（Lissitz et al.，1975）。

在描述设计一致性度量之前，必须就量表开发提出一个要点。量表是一种建议的量表或标度，建议量表是由一些研究者提出的，必须具有必要属性，如果确实证明具有此类属性，则可以视为量表（Cliff，1993，p. 65）。如前所述，“量表”是指建议量表，这似乎是一个无关紧要的问题，但在量表获得接受并成功利用之前，仍然是属于建议性质的。

2）建议的设计一致性量表

具有结构、量度属性和适当的量表类型后，就可以构造设计一致性量度了。为了评价设计一致性，必须回答是否存在一致性以及一致性工作质量如何的相关问题，进而通过评价需求验证、功能验证和设计验证工作过程来实现一致性良好的系统设计。上述度量结构如表7.5所示。

表7.5　一致性的度量结构

寿命周期阶段或过程	IEEE 1220标准章节	测量的一致性问题
需求验证过程	6.2.4	通过需求分析迭代可发现并解决系统需求中的差异和冲突，目的是纠正需求基准
功能验证过程	6.4.3	系统功能、功能架构、性能度量和约束中的差异和冲突可以通过功能需求迭代和需求分析的方式予以辨识和解决，目的是纠正已验证的功能架构
设计验证过程	6.6.3	系统设计中的差异和冲突可通过综合和功能分析迭代的方式予以明确和解决，目的是纠正设计要素

为了评价符合一致性概念的设计能力，应制定一个具体问题，要能对每个设计过程的适当领域进行评价。表7.6给出了与每个一致性量度考虑因素问题相关的度量结构和问题。

表7.6中每个问题的答案采用表7.7中的Likert量值进行评分。

表7.6　设计一致性的度量问题

量度结构	一致性的度量考虑因素
C_{rv}	系统需求中的差异和冲突是否可通过需求分析迭代的方式予以发现和解决，进而纠正需求基准
C_{fv}	工程系统功能、功能架构、性能度量和约束中的差异和冲突是否可通过功能需求迭代和需求分析的方式予以辨识和解决，进而纠正已验证的功能架构
C_{dv}	系统设计中的差异和冲突是否可通过综合和功能分析迭代的方式予以明确和解决，进而纠正设计要素

表7.7　一致性测量问题的Likert量表

指　标	描 述 符	度量准则
0.0	无	没有客观质量证据
0.5	有限的	存在有限的客观质量证据
1.0	名义的	存在名义的客观质量证据
1.5	广泛的	存在广泛的客观质量证据
2.0	大量的	存在大量的客观质量证据

系统一致性的总体度量是三个一致性度量的得分之和①，如式（7.2）和式（7.3）所示。

系统一致性的广义函数：

$$C_{sys} = \sum_{i=1}^{n} C_i \tag{7.2}$$

系统一致性的一般性度量如式（7.2）所示。

系统一致性的扩展函数：

$$C_{sys} = C_{rv} + C_{fv} + C_{dv} \tag{7.3}$$

式（7.3）中的3个构成之和，可作为系统中设计一致性程度的度量。

7.3.5　度量一致性

第3章末强调了度量非功能属性的重要性。这里构建了将一致性与特定指标和可测量特性联系起来的结构，表7.8给出了度量一致性的四层结构。

① 原文为“The overall measure for system consistency is a sum of the scores from the nine traceability metrics as shown in Eqs. 7.2 and 7.3”，疑似文字错误，这里按照“系统一致性的总体度量是三个一致性度量的得分之和”进行翻译。

表7.8 度量一致性的四层结构

层　级	作　用
关注问题	系统设计
属性	一致性
指标	设计一致性
可度量特性	需求验证一致性（C_{rv}）、功能验证一致性（C_{fv}）、设计验证一致性（C_{dv}）

7.4 互操作性

本节将讨论互操作性的基础知识以及在系统相关工作中如何互操作性的问题。“互操作性”是一个常见术语，但没有一个公认的定义，还需要首先明确界定和理解该术语。

7.4.1 互操作性的定义

从系统工程的角度来看，互操作性的定义为：两个或多个系统或部件交换信息以及使用已交换信息的能力（IEEE et al.，2010，p. 186）。

互操作性作为一项非功能需求，表7.9给出了其他的定义，有助于更好地理解该术语。

表7.9 互操作性的其他定义

定　义	来　源
与其他对象交换服务和数据的能力	Heiler（1995，p. 271）
互操作性是系统、单位或力量向其他系统、单位或力量提供服务，并接受服务的能力，以及利用所交换的服务使其共同、有效运作的能力	Kasunic et al.（2004，p. vii）
系统的组成要素相互交换和理解所需信息的能力	Rezaei et al.（2014，p. 22）

通过分析现有文献关于七类互操作性的特征，可以进一步完善互操作性的定义。

（1）技术互操作性：系统与其用户之间直接且令人满意地交换服务或信息的能力（Kinder，2003）。

（2）语法互操作性：标准支持下的确定格式和数据交换的能力（Sheth，1999）。

（3）语义互操作性：确保嵌在服务或信息中的数据能由发送方和接收方

解释，并在现实世界的适当抽象中表示相同的概念、关系或实体（Vetre et al.，2005）。

(4) 组织互操作性：定义交换服务或信息的权限和责任（Chiu et al.，2004）。

(5) 程序性互操作性：关注组织实体之间的关系，这些实体负责管理有互操作服务或数据要求的系统（DiMario，2006）。

(6) 构造性互操作性：涉及决定系统（需要可互操作的服务或数据）架构、标准及工程的设计要素（DiMario，2006）。

(7) 使用互操作性：设计系统与其他系统和环境交互作用的技术能力（DiMario，2006）。

由上述7种类型的描述可以清楚地看出，部分类型既相似，还存在重叠元素。下一节将分析几种互操作性模型。

7.4.2 互操作性模型

系统中互操作性也可以通过观察互操作性问题随时间的变迁来阐述。有三个明显不同的时期或互操作性时代（Sheth，1999），可由表7.10中的部分特征表示。

表7.10 互操作性时代的特征

特　征	Ⅰ代	Ⅱ代	Ⅲ代
主要关注问题	数据	信息	知识
互操作性重点	结构	语法	语义
互操作性范围	应用程序	少数系统	体系范围
互操作性技术	数据关系	单一本体	多本体
数据类型	文件	结构化数据库	多媒体

已经开发了大量的互操作性模型来支持建模和仿真工作，显示出了支持较高层级互操作性的前景。概念互操作性等级模型（LCIM）引入了互操作的技术、语法、语义、语用、动态和概念等层次，并展示了上述要素与可集成性、互操作性和可组合性所代表的不断增强能力之间的关系（Tolk et al.，2007）。表7.11描述了互操作性等级模型（LCIM）中的层级和不断增强的能力的概念。

表7.11 LCIM层次和能力概念

能 力	互操作性层次和名称	说 明
可组合性	6—概念的	现实的、有意义抽象的假设和约束在参与系统之间是一致的
	5—动态的	参与系统能够理解，随着时间推移在假设和约束中发生的状态变化
互操作性	4—语用的	信息交换的上下文是明确定义的
	3—语义的	数据的含义是共享的；信息交换请求的内容是明确定义的
	2—语法的	使用公共协议来构造数据；明确定义的信息交换格式
可集成性	1—技术的	存在参与系统之间交换数据的通信协议
	0—无	没有互操作性的独立系统

系统中互操作性的整体观点可以表示为三个时代和LCIM的轨迹。整体观称作“系统性的互操作性”，它超越了由结构、语法和语义予以表示的传统机械的互操作性或“硬”互操作性。“系统性的互操作性”新观点是关于互操作性的整体观点，要求有世界观的兼容性及概念、语境和文化的互操作性（Adams et al.，2011，p.172），如图7.2所示。

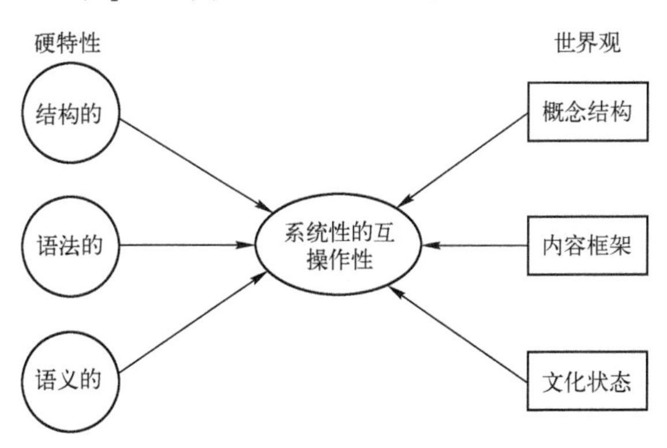

图7.2 从“硬”互操作性到系统性互操作性的变迁

7.4.3 系统设计工作中的互操作性

在IEEE 1220标准—系统工程过程应用与管理（IEEE，2005）中，并没有直接提及“互操作性”，而是通过可操作性问题来间接阐述的。如果认为互操作性包含在提及可操作性的相关内容之中，那么有两部分内容阐述了互操作性要求。

（1）作为4.5节建模和原型样机任务的一个要素。应开发和利用合适的模型、仿真或原型来评价互操作性。

(2) 作为6.1.5节定义效能量度任务的一个要素。定义一个能够反映利益相关方的总体期望和满意度的系统效能量度，其中要包含互操作性。

7.4.4 评价互操作性的方法

互操作性的评价以及开发适当量度和支持性度量标准，是一项非常重要的任务。美国国防部的早期工作对此总结为：互操作性是一个广泛而复杂的课题。在互操作性这样一个多维和复杂的领域中开发并应用精确的度量指标是非常困难的。但是，以可见的方式度量、评估并报告互操作性，对于正确设置优先级至关重要（Kasunic et al.，2004，p. vii）。

1980—2014年，文献中出现了16个用于评价系统互操作性的不同模型，但其中只有8个模型来自大企业的报告，或者发表在同行评议的学术期刊上。表7.12给出了这8个正式模型。

表7.12 经同行评议的系统互操作性评价模型

模型及简要说明	参考文献
互操作性纵览模型（SoIM）：简单的两元素模型，从技术可能性和管理/控制可能性的角度来评价互操作性	LaVean（1980）
互操作性量化方法（QoIM）：将互操作性与效能度量相关联的模型	Mensh et al.（1989）
信息系统互操作性等级（LISI）：一种成熟度模型，考虑了在交换和共享信息及服务方面五个日益复杂的水平	美国DoD（1998）
“红灯”模型：一种简单的准备就绪报告式的互操作性度量方法	Hamilton et al.（2002）
网络中心战成熟度模型（NCW）：五级成熟度模型，五个互操作性成熟度水平上的态势感知和指挥控制模型	Alberts et al.（2003）
概念互操作性等级模型（LCIM）：七层次模型，从可集成性、互操作性及可组合性的最终目标来评价互操作性	Tolk et al.（2007）
i-Score模型：一种复杂模型，根据操作过程上下文中与互操作性相关的特征来评价系统	Ford et al.（2009）
超大规模系统互操作性成熟度模型：用于评价超大规模系统的五级成熟度模型，利用了技术、语法、语义和组织的互操作性等	Rezaei et al.（2014）

虽然对每个模型进行深入研究超出了本章的范围，但鼓励查阅上述文献，以更详细地了解每种互操作性评价方法的发展历程。下一小节将描述其中一项度量指标，并将其作为度量和评价系统互操作性的适当技术。

7.4.5　系统互操作性评估的 *i*-Score 模型

评价系统互操作性的 *i*-Score 模型，对系统互操作性特征的相似性进行比较，且基于以下假设：如果一对系统仅用系统互操作性特性来展现，则其相似性度量指标也就是互操作性的度量指标（Ford，2008，p. 52）。

用于描述该技术的互操作性示例包括由系统集 s_i组成的大系统 S，该系统包含互操作性的宏特征 X，宏特征由各个系统互操作性 x_i组成。对于两个系统 s_1和 s_2，可得如图 7.3 所示的互操作关系 $X(s)$。

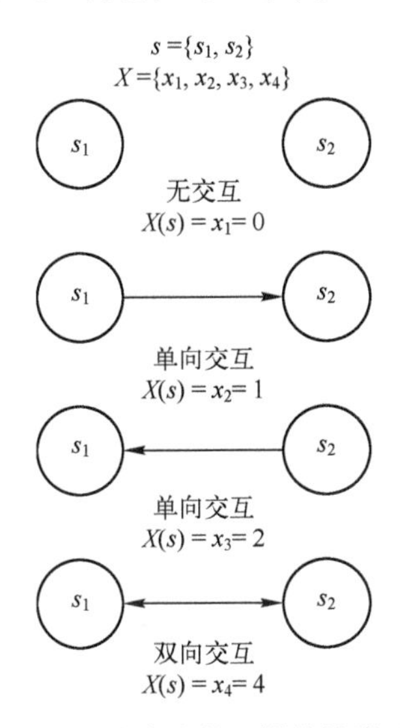

图 7.3　有方向的互操作性类型

图 7.3 中使用的符号定义如下：

（1）$S=n$ 个系统 s_i的集合，其中 $i=1\sim n$，$s_i\in S$；

（2）s_i=系统 s_i，其中 $i=1\sim n$；

（3）$X=n$ 个系统特性 x_i的集合，其中 $i=1\sim n$，$x_i\in X$；

（4）x_i=系统特性 x_i，其中 $i=1\sim n$；

（5）$C=n$ 个特征状态 c_i的集合，其中 $i=1\sim n$，$c_i\in C$；

（6）c_i=特性状态 c_i，其中 $i=1\sim n$。

特征状态是指互操作性可测量特征可能具有的实际状态。对于图 7.3 所示的系统，有四种可能的特性状态：没有互操作、从左到右发出、从右到左发出、双向发出。

系统特征（x_i）表示可测量的属性，能用来描述系统互操作性的重要特征。将各个系统特征组合起来，就可创建系统特征的集合。系统互操作性特征包括四种通用类型，如表7.13（Ford，2008）所示。

表7.13 互操作性特征的类型与示例

特性类型	示　例
形态的	尺寸、形状、颜色、结构、部件数量等
需求的	功能、行为等
生态的	背景、环境、资源消耗等
分布的	地理位置、域等

最重要的一点是，互操作性特征必须有一个自然的度量指标，确保特征是唯一的、可靠的（如可重复度量）、明确的且具有代表性的。

1）i-Score 系统互操作性评价函数

在确定系统（s_i）集合、系统特性（x_i）以及特性的可能状态（σ_i）之后，就可以着手对更大的系统（S）建立互操作性关系模型。建立了单个系统（s_i）的模型或对其实例化，就可获得能代表每个系统互操作性特性状态的序列。用小写希腊字母 σ 表示单个系统（s_i）的实例化，如式（7.4）所示。

s_i实例化：

$$\sigma(s_i)=\{x_1(s_1),x_2(s_1),\cdots,x_n(s_1)\} \tag{7.4}$$

为了进行有意义的系统比较，应通过对齐所有成员系统实例化（σ_i）的方式，对较大系统进行建模。大写希腊字母 Σ 用于表示实例对齐，如式（7.5）所示。

S 的实例化对齐：

$$\sum_{i=1}^{n} X_i(S_i) = \{\sigma_1,\sigma_2,\cdots,\sigma_n\} \tag{7.5}$$

式（7.5）的结果具有以下形式矩阵。

$$\begin{matrix} x_1(s_1),x_2(s_1),\cdots,x_n(s_1) \\ x_1(s_2),x_2(s_2),\cdots,x_n(s_2) \\ x_1(s_n),x_2(s_n),\cdots,x_n(s_n) \end{matrix}$$

Ford（2008）提出了一个互操作性函数（I），如式（7.6）所示，该函数采用修改后的Minkowski相似性函数来推导两个系统实例（σ'）和（σ''）的加权归一化相似性度量指标。

互操作性函数：

$$I = \left[\frac{\sum_{i=1}^{n}\sigma'(i) + \sum_{i=1}^{n}\sigma''(i)}{2nc_{\max}}\right]\left[1 - \left(\frac{1}{\sqrt[r]{n}}\right)\left[\sum_{i=1}^{n} b_i\left[\frac{\sigma'(i) - \sigma''(i)}{c_{\max}}\right]^r\right]^{\frac{1}{r}}\right] \tag{7.6}$$

式中：r 为 Minkowski 参数（通常设置为 $r=2$）；n 为每个系统中的互操作性特征数；b 为 0，如果 $\sigma'(i)=0$ 或 $\sigma''(i)=0$，否则 $b=1$；$C_{\max}$ 为互操作性特征的最大值。

2）系统互操作性评价的 *i-Score* 示例

三个系统 s_1、s_2 和 s_3，$(s_1,s_2,s_3 \in S)$，具有互操作性特性 x_1、x_2、x_3 和 x_4，$(x_1,x_2,x_3,x_4 \in X)$，并且特性具有最大值 9，$C \in \{R \cap [0,9]\}$，且 $r=2$，则可表示为：

$S=\{s_1,s_2,s_3\}$

$X=\{x_1,x_2,x_3,x_4\}$

$\{\sigma_1,\sigma_2,\sigma_3\} = \{x_1(s_1),x_2(s_1),x_3(s_1),x_4(s_1);x_1(s_2),x_2(s_2),x_3(s_2),x_4(s_2);x_1(s_3),x_2(s_3),x_3(s_3),x_4(s_3)\}$

$\boldsymbol{\Sigma}$ 是对齐的实例化，$\boldsymbol{\Sigma}=X(S)$，由矩阵表示：

$$\boldsymbol{\Sigma}=X(S)=\begin{bmatrix} x_{1(s_1)} & x_{2(s_1)} & x_{3(s_1)} & x_{4(s_1)} \\ x_{1(s_2)} & x_{2(s_2)} & x_{3(s_2)} & x_{4(s_2)} \\ x_{1(s_3)} & x_{2(s_3)} & x_{3(s_3)} & x_{4(s_3)} \end{bmatrix}$$

该示例涉及用 $\boldsymbol{\Sigma}$ 表示系统 $X(S)$。$\boldsymbol{\Sigma}=\begin{bmatrix} 1 & 2 & 3 & 0 \\ 4 & 5 & 6 & 0 \\ 7 & 8 & 9 & 0 \end{bmatrix}$

互操作性函数 I 可以通过将 $\boldsymbol{\Sigma}$ 的值代入式（7.6）来进行计算。得到的互操作性矩阵 $\boldsymbol{M}$ 为：

$$\boldsymbol{M}=\begin{bmatrix} 0 & 0.207 & 0.162 \\ 0.207 & 0 & 0.276 \\ 0.162 & 0.276 & 0 \end{bmatrix}$$

系统互操作性矩阵 $\boldsymbol{M}$ 可用作 S 中系统间互操作性的度量指标，$s_1,s_2,\cdots,s_n \in S$，具有互操作性特性 x，且 $x_1,x_2,\cdots,x_n \in X$。

7.4.6　度量互操作性

第 3 章末强调了度量非功能属性的重要性，这里构造了一个将互操作性与特定指标和可测量特性联系起来的结构图，表 7.14 给出了互操作性的四层结构。

表 7.14　度量互操作性的四层结构

层　级	作　用
关注问题	系统设计
属性	互操作性
指标	系统互操作性函数 **I**
可度量特性	系统互操作性矩阵 **M**

7.5　本章小结

本章讨论了兼容性、一致性和互操作性等非功能需求，给出了正式的定义以及补充的解释性定义、术语和公式。说明了设计过程中目的明确地考虑非功能需求的能力，最后推荐了一种形式化的指标和特性度量，可评价每项非功能需求属性。

下一章讨论安全性非功能需求，也是设计考虑问题的最后一项非功能特性。

参考文献

Adams, K. M., & Meyers, T. J. (2011). Perspective 1 of the SoSE methodology: Framing the system under study. *International Journal of System of Systems Engineering, 2*(2/3), 163–192.

Alberts, D. S., & Hayes, R. E. (2003). *Power to the edge: Command and control in the information age*. Washington, DC: DoD Command and Control Research Program.

Audi, R. (Ed.). (1999). *Cambridge dictionary of philosophy* (2nd ed.). New York: Cambridge University Press.

Boehm, B. W. (1984). Verifying and validating software requirements and design specifications. *IEEE Software, 1*(1), 75–88.

Budgen, D. (2003). *Software design* (2nd ed.). New York: Pearson Education.

Chiu, D. K. W., Cheung, S. C., Till, S., Karlapalem, K., Li, Q., & Kafeza, E. (2004). Workflow view driven cross-organizational interoperability in a web service environment. *Information Technology and Management, 5*(3–4), 221–250.

Cliff, N. (1993). What is and isn't measurement. In G. Keren & C. Lewis (Eds.), *A handbook for data analysis in the behavioral sciences: Methodological issues* (pp. 59–93). Hillsdale, NJ: Lawrence Erlbaum Associates.

David, P. A., & Greenstein, S. (1990). The economics of compatibility standards: An introduction to recent research. *Economics of Innovation and New Technology, 1*(1–2), 3–41.

DiMario, M. J. (2006). System of systems interoperability types and characteristics in joint command and control. In Proceedings *of the 2006 IEEE/SMC International Conference on System of Systems Engineering* (pp. 236–241). Piscataway, NJ: Institute of Electrical and Electronics Engineers.

DoD. (1998). *C4ISR Architecture working group final report—levels of information system interoperability (LISI)*. Washington, DC: Department of Defense.

Ford, T. C. (2008). *Interoperability measurement. Air force institute of technology*. Fairborn, OH: Wright Patterson Air Force Base.

Ford, T. C., Colombi, J. M., Jacques, D. R., & Graham, S. R. (2009). A general method of measuring interoperability and describing its impact on operational effectiveness. *The Journal of Defense Modeling and Simulation: Applications, Methodology, Technology, 6*(1), 17–32.

Grindley, P. (1995). *Standards, strategy, and policy: Cases and stories*. New York: Oxford University Press.

Hamilton, J. A., Rosen, J. D., & Summers, P. A. (2002). An interoperability roadmap for C4ISR legacy systems. *Acquisition Review Quarterly, 28*, 17–31.

Heiler, S. (1995). Semantic interoperability. *ACM Computing Surveys, 27*(2), 271–273.

IEEE. (2005). *IEEE Standard 1220: Systems engineering—application and management of the systems engineering process*. New York: Institute of Electrical and Electronics Engineers.

IEEE, & ISO/IEC. (2010). IEEE and ISO/IEC Standard 24765: Systems and software engineering —vocabulary. New York and Geneva: Institute of Electrical and Electronics Engineers and the International Organization for Standardization and the International Electrotechnical Commission.

Ishii, K. (1991). Life-cycle engineering using design compatibility analysis. In *Proceedings of the 1991 NSF Design and Manufacturing Systems Conference* (pp. 1059–1065). Dearborn, MI: Society of Manufacturing Engineers.

Ishii, K., Adler, R., & Barkan, P. (1988). Application of design compatibility analysis to simultaneous engineering. *Artificial Intelligence for Engineering Design, Analysis and Manufacturing, 2*(1), 53–65.

Ishii, K., & Sugeno, M. (1985). A model of human evaluation process using fuzzy measure. *International Journal of Man-Machine Studies, 22*(1), 19–38.

Kasunic, M., & Anderson, W. (2004). *Measuring systems interoperability: Challenges and opportunities (CMU/SEI-2004-TN-003)*. Pittsburgh, PA: Carnegie Mellon University.

Kinder, T. (2003). Mrs Miller moves house: The interoperability of local public services in europe. *Journal of European Social Policy, 13*(2), 141–157.

LaVean, G. E. (1980). Interoperability in defense communications. *IEEE Transactions on Communications, 28*(9), 1445–1455.

Lissitz, R. W., & Green, S. B. (1975). Effect of the number of scale points on reliability: A Monte Carlo approach. *Journal of Applied Psychology, 60*(1), 10–13.

Mensh, D., Kite, R., & Darby, P. (1989). A methodology for quantifying interoperability. *Naval Engineers Journal, 101*(3), 251–259.

Ozok, A. A., & Salvendy, G. (2000). Measuring consistency of web page design and its effects on performance and satisfaction. *Ergonomics, 43*(4), 443–460.

Rezaei, R., Chiew, T. K., & Lee, S. P. (2014). An interoperability model for ultra large scale systems. *Advances in Engineering Software, 67*, 22–46.

Shapiro, C. (2001). Setting compatibility standards: Cooperation or collusion? In R. C. Dreyfuss, D. L. Zimmerman, & H. First (Eds.), *Expanding the boundaries of intellectual property: Innovation policy for the knowledge society* (pp. 81–101). New York: Oxford University Press.

Sheth, A. P. (1999). Changing focus on interoperability in information systems: From system, syntax, structure to semantics. In M. Goodchild, M. Egenhofer, R. Fegeas, & C. Kottman (Eds.), *Interoperating geographic information systems* (pp. 5–29). New York: Springer.

Shneiderman, B. (1997). *Designing the user interface: Strategies for effective human-computer interaction* (3rd ed.). Boston: Addison-Wesley.

Tolk, A., Diallo, S. Y., & Turnitsa, C. D. (2007). Applying the levels of conceptual interoperability model in support of integratability, interoperability, and composability for system-of-systems engineering. *Journal of Systemics, Cybernetics and Informatics, 5*(5), 65–74.

Vetere, G., & Lenzerini, M. (2005). Models for semantic interoperability in service-oriented architectures. *IBM Systems Journal, 44*(4), 887–903.

Zadeh, L. A. (1965). Fuzzy sets. *Information and Control, 8*(3), 338–353.

第8章　系统安全性

在系统寿命周期的设计阶段，系统和部件的设计需要目的明确的活动，以确保有效的设计和可行的系统。设计师面临着大量的设计考虑因素，必须将问题嵌入到设计的每一项思想和文档实例中。安全性是设计考虑因素之一，通过非功能需求来阐述，且包含七项属性。安全性七项属性的提出采用了 Leveson 的系统理论事故模型与过程（STAMP）。STAMP 是一种系统化方法，适合在复杂系统时代评价工程系统的安全性，安全性属性提供了在系统设计工作中理解如何控制安全性以及测量其结果的能力。

8.1　安全性引言

本章将讨论系统安全性以及如何将其纳入系统设计工作之中。机器时代的系统安全与系统时代的问题形成了鲜明对比，IEEE 1220 标准—系统工程过程应用和管理（IEEE，2005）中表述的安全性需求可用作开发评价系统设计中的安全性度量指标。本章最后将推荐的系统安全性评价量度与一项指标相联系，并给出一个系统安全性结构图。

本章提出了一个具体的学习目标和相关支撑目标。学习目标是能够识别安全性属性是如何通过目的明确的设计工作来保证的，由以下具体目标支持：

（1）根据紧急情况定义安全；

（2）描述系统安全性和危险之间的关系；

（3）描述机器时代和系统时代安全性考虑因素的区别；

（4）构建将系统安全性与特定指标和可测量特性联系起来的结构。

通过掌握以下内容可实现上述目标。

8.2　安全性的定义

“安全性”是一个广泛使用的术语，但如果要在系统工作中将其作为一个有效的设计问题来加以应用，还需要对其进行明确的定义。从系统工程的角度来看，安全性的定义为：系统在规定条件下不会导致人员生命、健康、财产或

环境受到威胁的状态。(IEEE et al., 2010, p. 315)

表 8.1 还给出了安全性的其他定义，当作为系统的非功能需求使用时，这些定义有助于更好地理解该术语。通过回顾系统相关文献对安全性的阐述和处理方式，可进一步完善对安全性的定义。

表 8.1　安全性的其他定义

定　　义	来　　源
无事故（损失事件）	Leveson（2011，p. 467）
系统部件在环境中相互作用时产生的一种紧急特性。类似安全性的紧急特性由一组与系统部件行为相关的约束控制或强制执行	Leveson（2011，p. 67）
避免事故或疾病的方法与技巧	Parker（1994，p. 431）

8.3　系统中的安全性

开展系统工作并确保相关系统的安全不是一个抽象的概念，而是一个具体的需求，通常通过包含一项对安全的非功能需求得到满足。

关于系统安全性的大多数传统文献都集中在对简单系统（即机器时代）的研究上，对复杂系统（即系统时代）则不适用。麻省理工学院的 Leveson (2011) 在开创性著作《构建一个更安全世界：应用于安全性的系统思维》中，讨论了从机器时代的假设转向一系列新假设的必要性，新假设可以成功地应用于适合系统时代的系统安全性新模型①。表 8.2 对比了机器时代假设和新的系统时代要求的假设。

表 8.2　机器时代和系统时代的安全模型假设（Leveson，2011，p. 57）

	机器时代的假设	系统时代改进的假设
1	通过提高系统或部件的可靠性来提高安全性。如果部件或系统没有失效，事故就不会发生	高可靠性对安全性既不是必需的，也不是充分的
2	事故是由直接相关的事件链造成的。通过观察导致损失的事件链，可以理解事故并评估风险	事故是一个涉及整个社会技术系统的复杂过程，传统的事件链模型不能很好地描述这一过程

① 鼓励阅读著作《构建一个更安全世界：应用于安全性的系统思维》第 2 章“对传统安全工程基础的质疑”（2011 年）。《构建一个更安全世界：应用于安全性的系统思维》对与这七个假设相关的基本原理进行了全面讨论。

续表

	机器时代的假设	系统时代改进的假设
3	基于事件链的概率风险分析，是评估和沟通安全和风险信息的最佳方法	概率风险分析并非风险和安全的最佳理解和沟通方式
4	大多数事故是由操作人员失误引起的，奖励安全行为和惩罚不安全行为能够大大减少或消除事故	操作人员行为是行为发生环境的产物，要减少操作人员的失误，必须改变操作人员的工作环境
5	高度可靠的软件是安全的	高度可靠的软件不一定是安全的，提高软件可靠性或减少实施错误对安全性影响不大
6	重大事故因随机事件偶然同时发生而发生	系统倾向于向高风险状态迁移。这种迁移是可预测的，可以通过适当的系统设计来防止，也可以在运行期间使用风险增加的主要指标来检测
7	为了吸取教训和预防事故或事件发生，有必要进行追责	追责的目的是理解系统整体行为是如何导致损失的，而不是应该归咎于谁或什么

系统工程的基础是系统论及其一系列支持性公理和原理（Adams et al.，2014）。Leveson 关于系统安全性的新模型利用了系统论的中心公理及其支撑原理，包括层次和涌现、通信和控制。特别地，安全性可视为一个控制问题：安全性这样的紧急属性由一组与系统部件行为相关的约束（控制规则）进行控制或强制执行（Leveson，2011，p. 67）。

当部件故障、环境干扰和系统部件间失灵没有得到充分控制时，系统就会发生事故。在系统时代，复杂系统具有交互复杂和紧密耦合的特点，其事故是由控制不当造成的，但是一般看作正常事故。“正常事故”这个术语非常奇怪，它意味着，对于系统特性，多重故障和无法解释故障相互作用是不可避免的。这是系统整体特性的一种表述，而非频率的声明（Perrow，1999，p. 5）。

现代复杂系统具有交互复杂和紧密耦合的特点，这就要求系统时代的系统安全模型能够通过整合系统中的社会和技术要素来实现安全。社会技术系统所处环境要求在系统设计过程中就提出安全性非功能需求。

8.4　系统设计工作的安全性

在系统设计过程中，安全性需求是由事故危险导出的，即安全性需求是指由已经识别出的危险或风险所导出的一种约束（Penzenstadler et al.，2014，p. 42）。

危险的定义以系统设计为基础。洞察潜在危险的主要设计要素包括系统部件、部件耦合、人与系统的相互作用、环境耦合、潜在的环境干扰。正式设计过程中应阐述每一种危险以及可能防止其发生的约束。

在 IEEE 1220 标准—系统工程过程应用与管理（IEEE，2005）所实施的传统系统设计过程中，有四个过程领域对安全性进行了强调。

（1）作为需求分析过程的一个要求，体现在以下章节。6.1.1 节，利益相关方的期望要与对整个系统设计和安全性的影响分析相平衡；6.1.4 节，效能度量定义要反映利益相关方的总体期望和满意度，包括安全性；6.1.9.5 节，设计团队要负责会产生明显危险的系统设计特征。

（2）作为功能分析过程的一个要素，体现在以下章节。6.3.2.5 节，设计团队分析潜在功能故障模式，确定其优先级，定义故障影响并明确对故障检测和恢复功能的需求；构建功能可靠性模型，支持对每种使用场景进行系统效能分析；对具有重大安全危险的故障进行建模，完全理解系统影响。6.3.2.6 节，设计小组通过分析子功能来识别使用危险；要导出并定义其他功能需求，用于监测危险使用条件，通知或警告操作人员即将发生的危险。

（3）作为综合过程的一个元素。6.5.3 节强调设计团队负责分析所有设计，辨识对系统、系统及保障系统寿命周期过程所涉及人员以及环境的潜在危险。

（4）作为系统分析过程的一个要素。6.7.6.3 节明确，设计团队负责确定与系统实施相关的安全影响，要确定安全性法律法规，并确保各备选解决方案都符合这些法规。

从正式设计过程的传统活动中去掉的最重要概念集中在潜在危险以及可能阻止其发生的约束。

值得注意的一点是，现在已经有许多系统安全性的正式标准（Alberco et al.，1999；DoD，2000；IEEE，1994；NASA，2011），但大多数此类标准和过程都是从机器时代的角度来看待安全问题的，并没有转向更加全面的系统时代的系统安全性模型。基于系统的事故模型引用了一种因果关系系统论观点，称为“系统理论事故模型与过程（STAMP）”，该模型值得了解。

8.5 基于系统的事故模型

系统理论事故模型与过程（STAMP）改变了机器时代的重点，从预防故障转变为强化约束的系统时代概念（Leveson，2004；Leveson et al.，2009）。下面两小节将讨论 STAMP 的支撑原理以及如何与系统设计工作相互作用。

8.5.1　STAMP 的系统理论原理

系统理论事故模型与过程（STAMP）是一个系统论的事故模型，因为该模型采用了系统论的中心公理及其支持原则，即层次结构和紧急状态、通信和控制，目的是在系统设计和后续使用中强化安全性约束。模型的基本原理包括：

（1）安全性是由系统部件相互作用所产生的系统紧急特性（Leveson，2004，p. 249）；

（2）控制结构的层次构建应有明确目的，控制过程在不同层次之间运作，以控制较低层次的过程，控制过程强化其作用范围内的安全约束（Leveson，2011，p. 81）；

（3）控制是系统安全约束的强化，可以是被动的，也可以是主动的；

（4）通过采用控制反馈回路，可保持系统处于通信动态平衡状态。

STAMP 应用了事故情景识别技术，可识别由以下原因造成的危害：设计错误，部件相互作用事故，认知复杂的人类决策错误，导致事故的社会、组织和管理因素（Leveson，2011）。该技术称为系统理论过程分析（STPA）。

STPA 与系统设计过程集成在一起，集成领域称为安全性引导的设计，如图 8.1 所示。

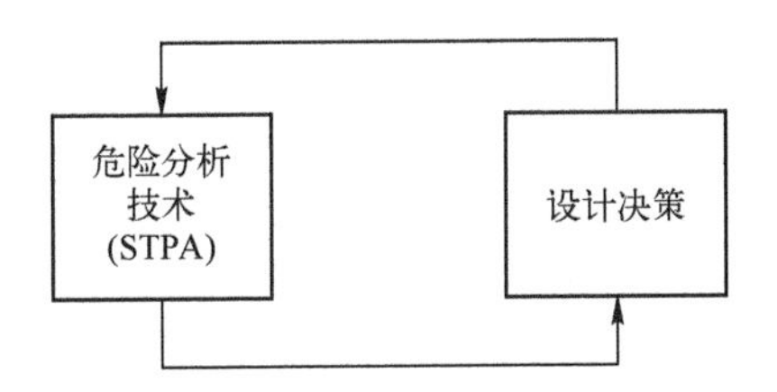

图 8.1　安全性引导的设计（Leveson，2011，Fig. 9.1）

下一小节将讨论 STAMP 与系统设计过程如何实现集成。

8.5.2　STAMP 准则与系统设计的交集

制定评价系统安全性的适当准则或标准，需要根据安全性相关设计活动和任务对 STAMP 的系统理论原则进行评价。IEEE 1220 标准—系统工程过程应用与管理（IEEE，2005）在系统设计工作的安全性相关章节对这些设计活动和任务有所描述。表 8.3 给出了标准的交集。

表 8.3　STAMP 准则与系统设计的交集

设计过程	IEEE 1220 标准的章节和任务	STAMP 准则
需求分析	6.1.1 节，利益相关方的期望要与整个系统设计及安全性的影响分析相平衡	系统层安全性约束
	6.1.4 节，效能度量的定义要反映利益相关方的总体期望和满意度，包括安全性	系统层安全性约束
	6.1.9.5 节，设计团队对能产生明显危险的系统设计特征负责	系统理论过程分析（STPA）
功能分析	6.3.2.5 节（1），设计团队分析潜在功能故障模式并确定其优先级，定义故障影响，确定故障检测和恢复功能的需求	系统控制结构负责强化 STPA 确认的安全性约束
	6.3.2.5 节（2），建立功能可靠性模型，支持对每种使用情景进行系统效能分析	
	6.3.2.5 节（3），对具有重大安全性危害的故障进行建模，全面理解系统影响	
	6.3.2.6 节（1），设计团队分析子功能，识别使用危险	STPA
	6.3.2.6 节（2），导出并定义附加功能需求，用于监测危险使用条件，或通知或警告操作人员即将发生的危险	系统控制结构负责强化 STPA 确认的安全性约束
综合	6.5.3 节，设计团队分析所有设计，辨识对系统、系统及保障系统寿命周期过程所涉及人员、环境的潜在危害	STPA
系统分析	6.7.6.3 节，设计团队辨识与系统实施相关的安全影响。明确安全性法律法规，设计团队应确保每个备选解决方案都符合这些法规	STPA

总之，STAMP 可以描述为安全性的一个系统理论模型。

STAMP 特别关注约束在安全性管理中的作用。没有从防止部件故障的角度来定义安全性，而是将其定义为一个持续的控制任务，目的是施加必要的约束将系统行为限制在安全变化和适应范围内。认为事故是由在系统开发和系统运行中控制结构每一层对安全相关行为的约束控制或强化不够所造成的。因此可以按以下要点来理解事故：说明为什么已经设置控制却没有防止或检测出不利于适应的变化，也就是说要找出控制结构每一层违反的安全约束，明确为什么这些约束不够充分，或者如果是足够的，为什么系统不能对其施加适当的控制。导致事故（损失事件）的过程可以采用自适应反馈函数来描述，当性能随时间变化以满足一组复杂的目标和价值时，自适应反馈函数无法保证安全性。自适应反馈机制允许模型将自适应作为一个基本属性（Leveson，2004，pp. 265-266）。

虽然对 STAMP 进行深入研究超出了本章的范围，但鼓励查阅 Leveson（2011）的著作《构建一个更安全世界：应用于安全性的系统思维》的第三部分——应用 STAMP。

下一节将讨论评价系统安全性的一个量度。

8.6　评价系统安全性的量度

在前面几节提出使用基于系统的模型来保证系统安全性，并将其作为设计过程的一个目的明确的结果。为确保系统设计过程具有整体的社会—技术视角，应利用该模型的基本标准对设计工作进行评价。与追溯性一样，安全性准则或标准也是主观的定性量度，需要回答的问题涉及是否存在与工作质量有多好，提供一个鲁棒性强的基于系统的模型作为系统设计过程的一个要素。这里，STAMP 标准需要与可用作度量的特定属性关联起来。再次强调，度量指标非常重要，因为指标是可观察的、真实的、经验性的事实与评价点结构（即系统安全性模型）之间的链接。

8.6.1　系统安全性量表

正如前述非功能需求量表开发的讨论，为系统安全性制定适当量度时，量表的选择是一个重要因素。由于安全性选择的 STAMP 没有自然原点或经验定义的距离，选择序数量表作为衡量安全性的适当量表。这里提出一种用于评价系统安全性的 Likert 量表。为了提高可靠性，采用 5 点 Likert 量表（Lissitz et al.，1975）。

在描述系统安全量度之前，必须就量表开发提出两个要点。量表是一种建议的标度或量表，而建议量表是由一些研究者提出的、具有必要属性的量表，如果确实证明具有此类属性，则可以视为量表（Cliff，1993，p. 65）。这里，“量表”是指建议量表。如前所述，这似乎是一个无关紧要的问题，但在量表获得接受并成功利用之前，仍然是属于建议性质的。

8.6.2　系统安全性的建议量表

确定了结构、度量属性以及适当的量表类型后，就可以着手构造系统安全性量度。为了评价系统安全性，必须回答在系统设计过程中通过应用基于系统的模型的主要元素来实现系统安全性的有关问题，即是否存在安全性和安全性工作质量如何的问题。表 8.3 中的七项 STAMP 标准，其度量结构已重新整理在表 8.4 中，目的是评价符合 STAMP 系统安全性准则的能力，并已拟定了具体问题来评价七个系统安全性度量考虑因素。表 8.5 给出了与每个度量考虑因素相关的结构和问题。

表 8.4 系统安全性的度量结构

设计过程和 IEEE 1220 标准章节		系统理论事故模型与过程标准	系统安全性度量考虑因素
需求分析	6.1.1	系统层安全性约束	需求分析过程是否包括对系统层级安全性约束的分析
	6.1.4	系统层安全性约束	
	6.1.9.5	系统理论过程分析（STPA）	需求分析过程是否包含了 STPA
功能分析	6.3.2.5	负责强化 STPA 所识别安全性约束的系统控制结构	功能分析过程是否开发了负责强化 STPA 所识别安全性约束的系统控制结构
	6.3.2.6 (1)	STPA	功能分析过程是否包含 STPA
	6.3.2.6 (2)	负责强化 STPA 所识别安全性约束的系统控制结构	功能分析过程是否开发了负责强化 STPA 所识别安全性约束的系统控制结构
综合	6.5.3	STPA	综合过程是否包含 STPA
系统分析	6.7.6.3	STPA	系统分析过程是否包含 STPA

表 8.5 设计安全性的度量问题

度量结构	测量的安全性问题
S_{ra1}	需求分析过程是否包括对系统层安全性约束的分析
S_{ra2}	需求分析过程是否包括 STPA
S_{fa1}	功能分析过程是否开发了负责强化 STPA 所识别安全性约束的系统控制结构
S_{fa2}	功能分析过程是否包括 STPA
S_{fa3}	功能分析过程是否开发了负责强化 STPA 所识别安全性约束的系统控制结构
S_{syn}	综合过程是否包括 STPA
S_{sa}	系统分析过程是否包括 STPA

每个问题的答案应使用表 8.6 中的 Likert 测量值进行评分。

表 8.6 安全性度量问题的 Likert 量表

指标	描述符	度量准则
0.0	无	没有客观质量证据
0.5	有限的	存在有限的客观质量证据
1.0	名义的	存在名义的客观质量证据
1.5	广泛的	存在广泛的客观质量证据
2.0	大量的	存在大量的客观质量证据

系统安全性的广义度量如式（8.1）所示。

系统安全性的广义函数：

$$S_{sys} = \sum_{i=1}^{n} S_i \tag{8.1}$$

系统安全性的总体度量是 7 个系统安全指标的总分，如式（8.2）所示，能衡量系统设计工作中系统安全性的程度。

系统安全性的扩展函数：

$$S_{sys} = S_{ra1} + S_{ra2} + S_{fa1} + S_{fa2} + S_{fa3} + S_{syn} + S_{sa} \tag{8.2}$$

下一节将讨论如何度量系统安全性。

8.7 度量系统安全性

第 3 章末强调了衡量非功能属性的重要性。这里构建了将系统安全性与特定指标和可测量特性联系起来的结构，表 8.7 给出了度量系统安全性的四层结构。

表 8.7　度量系统安全性的四层结构

层　级	作　用
关注问题	系统安全
属性	安全性
指标	系统安全
可度量特征	需求分析过程安全性（S_{ra1}，S_{ra2}）、功能分析过程安全性（S_{fa1}，S_{fa2}，S_{fa3}）、综合过程安全性（S_{syn}）、系统分析安全性（S_{sa}）

8.8 本章小结

本章讨论了安全性这一非功能需求，给出了一个正式的安全性定义以及补充的解释性定义、术语和公式，阐述了在设计过程中目的明确地考虑安全性的问题，最后提出了一种可用于评价安全性这一非功能需求的正式指标和度量特征。

下一部分将把重点转移到适应性问题上。适应性问题涉及系统为了保持活力并继续满足利益相关方的需求而进行改变和适应的能力。第 9 章将讨论适应性、灵活性、可修改性以及鲁棒性等非功能属性；第 10 章将讨论可扩展性、可移植性、可重用性和自描述性等非功能需求。

参考文献

Adams, K. M., Hester, P. T., Bradley, J. M., Meyers, T. J., & Keating, C. B. (2014). Systems theory: The foundation for understanding systems. *Systems Engineering, 17*(1), 112–123.

Alberico, D., Bozarth, J., Brown, M., Gill, J., Mattern, S., & McKinlay, A. (1999). *Software system safety handbook: A technical and managerial team approach.* Washington: Joint Services Software Safety Committee.

Cliff, N. (1993). What is and isn't measurement. In G. Keren & C. Lewis (Eds.), *A handbook for data analysis in the behavioral sciences: Methodological issues* (pp. 59–93). Hillsdale: Lawrence Erlbaum Associates.

DoD. (2000). *Military Standard (MIL-STD-882D): Standard practice for system safety.* Washington: Department of Defense.

IEEE. (1994). *IEEE Standard 1228: Software safety plans.* New York: Institute of Electrical and Electronics Engineers.

IEEE. (2005). *IEEE Standard 1220: Systems engineering—application and management of the systems engineering process.* New York: Institute of Electrical and Electronics Engineers.

IEEE, & ISO/IEC. (2010). *IEEE and ISO/IEC Standard 24765: Systems and software engineering—vocabulary.* New York, Geneva: Institute of Electrical and Electronics Engineers and the International Organization for Standardization and the International Electrotechnical Commission.

Leveson, N. G. (2004). A new accident model for engineering safer systems. *Safety Science, 42*(4), 237–270.

Leveson, N. G. (2011). *Engineering a safer world: Systems thinking applied to safety.* Cambridge: MIT Press.

Leveson, N. G., Dulac, N., Marais, K., & Carroll, J. (2009). Moving beyond normal accidents and high reliability organizations: A systems approach to safety in complex systems. *Organization Studies, 30*(2–3), 227–249.

Lissitz, R. W., & Green, S. B. (1975). Effect of the number of scale points on reliability: A Monte Carlo approach. *Journal of Applied Psychology, 60*(1), 10–13.

NASA. (2011). *NASA System Safety Handbook (NASA/SP-2010-580).* In System Safety Framework and Concepts for Implementation (Vol. 1). Washington: National Aeronautics and Space Administration.

Parker, S. (Ed.). (1994). *McGraw-Hill dictionary of engineering.* New York: McGraw-Hill.

Penzenstadler, B., Raturi, A., Richardson, D., & Tomlinson, B. (2014). Safety, security, now sustainability: The nonfunctional requirement for the 21st century. *IEEE Software, 31*(3), 40–47.

Perrow, C. (1999). *Normal accidents: Living with high-risk technologies.* Princeton: Princeton University Press.

第四部分　应变考虑因素

第9章　适应性、灵活性、可修改性、可伸缩性、鲁棒性

在系统寿命周期的设计阶段，系统和部件设计需要目的明确的活动，以确保有效的设计和可行的系统。设计人员面临着大量的适应性问题，他们必须将适应性问题嵌入到设计的每一项思想和文档实例中。系统应对变化的能力对其持续生存以及为利益相关方提供要求的功能至关重要。可变性包括适应性、灵活性、可修改性、可伸缩性、鲁棒性等非功能需求。有目的的设计需要理解上述需求，以及理解作为集成系统设计的一部分应如何度量和评价每一需求。

9.1　可变性引言

本章讨论四大主题，包括适应性、灵活性、可修改性、可伸缩性、鲁棒性。

9.2 节分析了可变性的概念及其三个独特要素，给出了一种利用状态转换图来表示系统变化的方法；9.3 节定义了适应性和灵活性，给出了区分这两种非功能特性的明确方法；9.4 节对可修改性进行了阐述，给出了一个清晰的定义，明确了其与可伸缩性及维修性之间的区别；9.5 节定义了鲁棒性，讨论了与鲁棒系统相关的设计考虑因素；9.6 节定义了可变性的一种量度和度量可变性的方法，是适应性、灵活性、可修改性、可伸缩性、鲁棒性的函数，并提出了建议的可变性指标，并给出了可变性的结构。

本章提出了一个具体的学习目标和相关支撑目标。学习目标是能够识别适应性、灵活性、可修改性和可伸缩性、鲁棒性等如何影响系统设计，由以下具

体子目标支持：

(1) 采用状态转换图描述可变性；

(2) 定义适应性；

(3) 定义灵活性；

(4) 描述适应性和灵活性之间的区别；

(5) 定义可修改性；

(6) 描述可修改性和维修性之间的区别；

(7) 定义鲁棒性；

(8) 描述决定鲁棒性的设计因素；

(9) 构建将可变性与特定指标和可测量特性联系起来的结构；

(10) 解释适应性、灵活性、可修改性、可伸缩性、鲁棒性在系统设计工作中的重要性。

实现上述目标需要掌握以下章节内容。

9.2 可变性概念

在现有系统中进行改变的动机基于以下三个主要因素：市场力量、技术进步、环境变化（Fricke and Schulz，2005）。在整个系统寿命周期中，系统实践人员必须解决上述变化的驱动因素，因为真实系统实际存在于一个不断变化的环境中，因而会受到变化的影响。系统变化的能力称为可变性。“可变性”是一个在系统工程词汇表中没有正式定义的术语，但它涵盖了许多有定义的术语，包括“适应性”“灵活性”“可修改性”“可伸缩性”及“鲁棒性”，后面章节会详细讨论这些术语。

现在，最重要的一点是，可变性要消除随时间变化而在系统中发生的差异。可以简单认为变化是初始或零时间 t_0 到未来某个时间 t_f 之间的系统差异。在 t_0 至 t_f 期间，系统和/或环境都可能发生了变化。系统寿命周期内充满了系统及其相关环境的变化。系统寿命周期中要求系统设计人员和维修人员对变化情况进行规划、识别和控制，从而确保系统能够保持活性和功能有效。系统中发生的变化由变化事件表征，变化事件包含三个独特的要素：一是变化的原因或动力（动因）；二是变化的机制；三是变化对系统及其环境的总体影响。下面对事件进行讨论。

9.2.1　变化的动因

变化的动因源于上一节所述三个主要因素中的一个或多个，即市场力量、技术进步、环境变化（Fricke et al.，2005）。影响变化的策动者、力量或推动力称为变化动因，变化动因能将变化因素转化为具体行动（Ross et al.，2008）。

9.2.2　变化的机制

变化的机制描述了系统和/或环境从初始状态转变为新状态时，由时间 t_0 到 t_f 的路径（Ross et al.，2008）。该路径是一种活动，包含了影响变化所需要的所有资源（即材料、人力、金钱、时间、方法和信息）。

9.2.3　变化对系统及其环境的影响

变化的影响是系统和/或环境从时间 t_0 到 t_f 的实际差异（Ross et al.，2008）。系统在 t_0 至 t_f 之间的差异由发生改变或新增特征（y_i）来描述，这些特征是由一系列离散事件引起的，由特定机制（m_i）完成。每种机制都可以被描述为一个转移弧，含一个离散事件和引起系统特征（$Y, y_i \in Y$）变化的后续活动。

9.2.4　描述变化事件

作为三个变化要素的函数，系统及其环境的时间相关行为可在状态转移图中进行建模（Hatley et al.，1988）。状态转移图描述了变化事件中的动力、动因、途径及影响。图9.1所示是系统变化的状态转移图，其中：

(1) Y 为由 n 个系统特征 y_i 组成的集合，其中 $i=1\sim n$，$y_i \in Y$；

(2) y_i 为系统的一个特征，其中 $i=1\sim n$；

(3) M 为由 n 个机制构成的集合，其中 $i=1\sim n$，$m_i \in M$；

(4) m_i 为一个机制，其中 $i=1\sim n$。

连接状态框的转移弧和箭头旁显示导致状态变化所需的一个或多个事件，以及应用变化动力所形成的结果活动。

在对变化以及可变性相关概念进行基本理解后，就可以开始讨论适应性、灵活性、可修改性、可伸缩性、鲁棒性等非功能属性，以及它们将如何应用于系统工作之中。

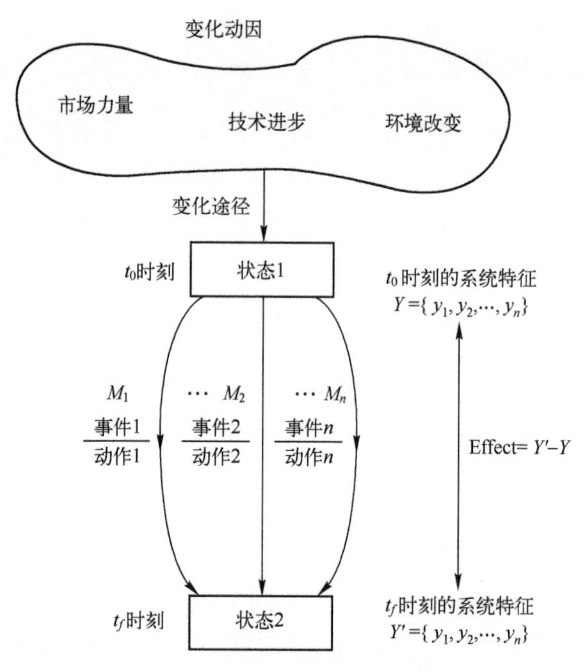

图 9.1 系统变化的状态转移图

9.3 适应性和灵活性

本节将阐述适应性和灵活性的基础知识，讨论其如何应用于系统设计工作之中。适应性和灵活性有很多种解释，必须有清晰的定义方便读者理解。

9.3.1 适应性的定义

从系统工程的角度来看，适应性的定义为：产品或系统能够有效适应不同或不断发展的硬件、软件或其他操作或使用环境的程度。

适应性作为系统的非功能需求使用时，还有如表 9.1 所示的其他形式定义，有利于更好地理解该术语。

表 9.1 适应性的其他定义

定义	来源
系统顺应环境变化的特性，这里的环境既包括系统运行的环境或背景，也包括利益相关方的期望	Engel et al.（2008，p. 126）
在给定状态下变化的能力，如在一段时间内提高性能	Bordoloi et al.（1999，p. 135）

续表

定　　义	来　　源
系统适应环境变化的能力。具有适应能力的系统能通过改变自身的工作方式，在不同的使用条件下提供预期的功能，即应对不断变化的环境，不用必须对外部实施改变	Fricke et al.（2005，p. 347）
系统顺应预测的或实际已经发生的环境变化而调整工作方法、过程或结构的程度	Andrzejak et al.（2006，p. 30）

下面将讨论灵活性的定义。

9.3.2 灵活性的定义

从系统工程的角度来看，灵活性的定义为：系统或部件可以很容易修改，一次能在多种应用程序或环境中使用，而不是只能在专门设计的应用程序或环境中使用（IEEE et al.，2010，p. 144）。

灵活性还有表9.2所示的其他定义，如将其作为系统的非功能需求使用，了解这些定义可以更好地理解该术语。

表9.2 灵活性的其他定义

定　　义	来　　源
改变状态的能力	Bordoloi et al.（1999，p. 135）
表征系统轻松应对变化的能力。要应对不断变化的环境，必须实施相应的改变	Fricke et al.（2005，p. 347）

下面说明适应性和灵活性是如何联系在一起的。

9.3.3 适应性与灵活性的关系

适应性和灵活性之间的分类区别，是以引起系统改变的源头的位置为基础的。称变化的来源为变化动因，如策动者、力量或推动力，其相对于系统的位置即决定了适应性和灵活性之间的区别（Ross et al.，2008）。图9.2描述了作用于系统内部和外部的变化动力，以及由此产生的适应性或灵活性分类。

根据表9.1、表9.2和图9.2，适应性和灵活性之间的关系如下：

（1）适应性。变化的内在动力促使系统在给定状态下发生变化，称为能适应的变化；

（2）灵活性。变化的外部动力使系统改变状态，称为灵活的变化。作为改变的结果，当S'能生产新的商品或服务，或者以不可能的方式或数量生产当前商品和服务时，就说系统由状态S改变到了状态S'（Bordoloi et al.，

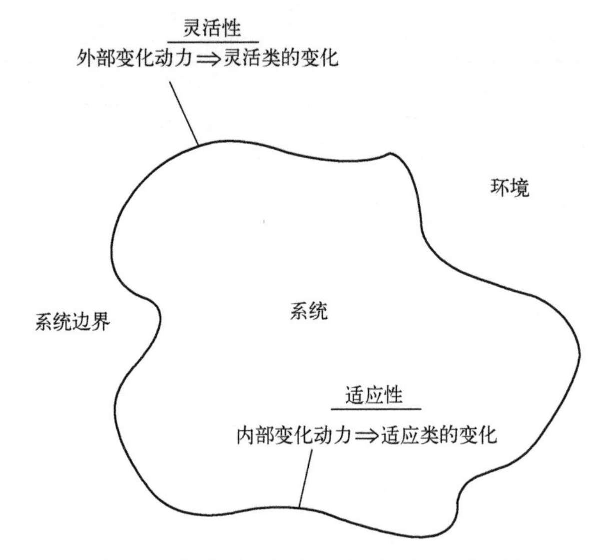

图 9.2　变化动力位置区分适应性和灵活性

1999，p. 135)。

下节将讨论可修改性。

9.4　可修改性和可伸缩性

本节将讨论可修改性的基础知识以及如何应用于系统工作之中。可修改性有很多解释，必须对其有清晰的定义以便于读者理解。

9.4.1　可修改性的定义

从系统工程的角度来看，可修改性的定义为：在不引入缺陷的情况下改变系统的容易程度（IEEE et al.，2010，p. 222)。

可修改性作为系统的非功能需求使用还有如表 9.3 所示的其他定义，了解这些定义可以更好地理解该术语。

表 9.3　可修改性的其他定义

定　义	来　源
改变参数集成员的能力	Ross et al.（2008，p. 249）
在环境、需求或功能规范中针对改变进行修改的容易程度	Bengtsson et al.（2004，p. 130）

需要注意的是，可修改性关注于系统的特征集，其中：

（1）Y为n个系统特征y_i的集合，其中$i=1\sim n$，$y_i \in Y$；

（2）y_i为系统特征，其中$i=1\sim n$。

在考虑可修改性的定义时，有两个重要的区别。

一是单个特征的大小或水平由可伸缩性来判断，而不属于可修改性的问题，因为系统特征集（Y）并没有引入新的特征。注意，这里不再讨论可伸缩性。

二是维修性和可修改性之间的本质区别在于，维修性关注的是纠正错误，而可修改性并非如此。

9.4.2　系统的可修改性

从系统设计的角度来看，可修改性与模块化有关。回顾一下，模块化的定义为：系统或计算机程序由离散部件组成，使一个部件的更改对其他部件影响的程度最小（IEEE et al.，2010，223）。基于上述模块化的定义，可以认为这样的假设是合理的，即具有高度模块化的系统（独立的系统部件）更容易修改。这是因为相对于其他模块存在密切耦合或紧耦合的模块而言，独立模块更容易实施变更或改变。

模块化是一个良好的系统设计特性。通过设计具有单一目的，且功能、输入及输出具有明确定义的部件，系统的改变就更容易实现。如前所述，具有高度模块化的工程设计可以解决许多问题，包括：

（1）通过提供有效的认知分工，使系统的复杂性易于管理；

（2）模块化能够组织并支持并行工作；

（3）复杂系统设计中采取模块化，允许随时间推移对模块进行更改和改进，同时不会削弱整个系统的功能（Baldwin et al.，2006，p.180）。

总之，一个高度模块化的系统具有更好的可修改性。

9.5　鲁　棒　性

本节将介绍鲁棒性的基础知识以及鲁棒性如何在系统工作中获得应用。与很多非功能需求一样，鲁棒性也有很多解释，必须有清晰的定义以便于理解。

9.5.1　鲁棒性的定义

从系统工程的角度来看，鲁棒性的定义为：在发生无效输入或高应力环境条件下，系统或部件能够正常实现功能的程度，与容差、容错同义（IEEE et al., 2010, p. 313)。

鲁棒性用作系统的非功能需求时，还有如表 9.4 所示的其他定义，有利于更好地理解该术语。

表 9.4　鲁棒性的其他定义

定　义	来　源
尽管其组成部分或环境存在波动，但仍能维持期望的系统特征	Carlson et al. (2002, p. 2539)
系统内部和外部发生变化的情况下仍保持参数不变的能力	Ross et al. (2008, p. 249)
表征系统对环境变化不敏感的能力。在变化的条件下，鲁棒系统不需要改变自身就可提供其预期功能	Fricke et al. (2005, p. 347)

9.5.2　系统中的鲁棒性

需要注意的一点是，鲁棒性通常指的是较大系统的特性，而不涉及任何特定的系统特征、某一部件、子系统或环境扰动。事实上，鲁棒性一般认为是系统内部结构和脆弱性的函数。

因为鲁棒性是通过非常具体的内部结构来实现的，其中任何系统拆卸后，系统均不会处于工作状态，重新组装该系统的机会是非常小的。如果部件采用了冗余和反馈调整设计，尽管它可以容忍较大的变化甚至故障，但是很难容忍对互相连接的内部零件进行大量的重新布局，因为这一般不属于设计需求 (Carlson et al., 2002, p. 2539)。

对复杂系统的研究已经提供了一个称为高度优化的容差 (HOT) 的框架，该框架试图通过容差和配置的方式来解决鲁棒性问题。

“容差”强调复杂系统的鲁棒性是一个受约束的特性，必须谨慎加以管理和保护。“高度优化”强调，鲁棒性是通过高度结构化的、罕见的、非通用的配置来实现的，该配置应是深思熟虑设计或发展演化的结果。HOT 系统的特征是高性能、高度结构化下的内部复杂性，以及明显简单但稳定的外部行为，并且由非常小的可能扰动触发灾难性连锁故障事件的风险很小 (Carlson et al., 2002, p. 2540)。

鲁棒性作为系统的非功能需求，用于评价系统在面对单个或同时发生内部或外部扰动时保持恒定设计参数的能力。系统设计人员应通过精心构建复杂系统的方式来达成鲁棒性目标，系统应具有目的明确的内部组件配置和冗余，既能完成功能，又能提供高水平的鲁棒性能。

9.6　系统设计中的可变性

理解、度量和评价系统可变性的能力，似乎是一种有价值的能力。理解可变性及其非功能特性（适应性、灵活性、可修改性和鲁棒性）的组成部分，而且有能力对其进行度量和评价，可为设计系统所有要素的未来性能和活性提供更多的视角和见解。正式的设计过程应该考虑可变性的各要素。

IEEE 1220 标准—系统工程过程应用和管理（IEEE，2005）所描述的传统系统设计过程中，既没有提到可变性，也没有提到其非功能特性构成部分(适应性、灵活性、可修改性和鲁棒性)。尽管如此，在系统寿命周期的概念、初步和详细设计阶段，可变性仍然是一个需要考虑的重要方面。

下一节将讨论可变性的评价方法，并将其作为适应性、灵活性、可修改性、鲁棒性四个非功能需求的函数。

9.6.1　可变性的评价方法

基于以上对可变性的理解，以及如何利用可变性来评价系统特征，现在应该制定一个适当的度量指标。度量可变性非常困难，因为可变性是一种主观、定性的量度，不同于迄今为止针对非功能需求开发的大多数客观、定量的量度。为了理解如何进行主观的、定性的度量，首先对如何度量主观的、定性的对象进行分析。

1）*度量量表的开发*

为了评价可变性，围绕系统设计中是否将可变性作为一项目的明确的工作，必须提出并回答可变性工作是否存在以及质量好坏的问题。这里，四个非功能需求（适应性、灵活性、可修改性、鲁棒性）都必须确定为可变性的构成量度，目的是将四个非功能需求进行框架化，并将其转换为一个具有特定可测量属性的对象。设立度量指标非常重要，因为指标是可观察的、真实的、经验性事实与评价点之间的链接。度量定义为：通过自我报告、访谈、观察或其他方式获得的观察分值（Edwards et al.，2000，p. 156）。

2）*可变性量表*

如同讨论追溯性量表和系统安全性量表的开发过程，度量量表的选择是开发可变性适当量度的一个重要因素。由于选择作为可变性标准的非功能需求没有自然原点或经验定义的距离，所以应该选择一个序数量表作为测量系统可变性的适当量表。本章提出了一种用于评价可变性的 Likert 量表。为了确保提高可靠性，采用 5 个点值的 Likert 量表（Lissitz et al.，1975）。

3）建议的量表

在继续说明可变性度量之前，必须再次说明有关量表开发的一个重要点。量表的是一种建议的标度或量表。建议量表是由一些研究者提出的、具有必要属性的量表，如果确实证明具有此类属性，则可以视为量表（Cliff，1993，p. 65）。如前所述，量表是指建议的量表。这似乎是一个无关紧要的问题，但在量表获得接受并成功应用之前，仍然是属于建议性质的。

4）建议的可变性量表

明确结构、量度属性和适当的量表类型后，就可以构造可变性的量度。为了评价可变性，要回答可变性工作是否存在及其质量好坏的问题，这是通过利用适应性、灵活性、可修改性、鲁棒性这四个非功能可变性需求来实现的。四类可变性需求的每一标准，也即量度结构都有一个如表 9.5 所示的特定问题，可用来评价其对可变性的贡献程度。

表 9.5　可变性的测量问题

指标结构	可变性的度量问题
Ch_{adapt}	系统是否能够适应由内部动力引起的状态变化
Ch_{flex}	系统是否具有足够的灵活性以适应外部环境动力引起的状态变化
Ch_{modif}	作为环境、需求或功能规范变化的结果，系统能否进行修改
Ch_{robust}	无论系统内部或外部环境发生何种变化，系统参数能否保持不变

表 9.5 中的每个问题的答案应利用表 9.6 中的 Likert 测量值进行评分。

表 9.6　度量可变性的 Likert 量表

指　标	描述符	度量准则
0.0	无	没有客观质量证据
0.5	有限的	存在有限的客观质量证据
1.0	名义的	存在名义的客观质量证据
1.5	广泛的	存在广泛的客观质量证据
2.0	大量的	存在大量的客观质量证据

式（9.1）中的四项构成之和可作为系统设计中可变性的度量。

系统可变性的扩展函数：

$$Ch_{sys} = Ch_{adapt} + Ch_{flex} + Ch_{modif} + Ch_{robust} \tag{9.1}$$

9.6.2 度量可变性

第3章末强调了衡量非功能属性的重要性。这里构建了将可变性与特定指标和可测量特性联系起来的结构。表9.7给出了度量可变性的四层结构。

表9.7 度量可变性的四层结构

层　级	作　用
关注问题	系统适应性
属性	可变性
指标	系统可变性
可度量特性	适应性（Ch_{adapt}）、灵活性（Ch_{flex}）、可修改性（Ch_{modif}）、鲁棒性（Ch_{robust}）

9.7 本章小结

本章讨论了可变性的适应问题，并回顾了其四个非功能需求，包括适应性、灵活性、可修改性以及鲁棒性。针对上述定义和术语，提供了一个正式的定义以及补充的解释性定义和术语，也对在设计过程中有目的地考虑这些非功能需求进行了阐述，最后提出了一种形式化的指标和特性度量方法，以用来评价可变性。

下一章将讨论可扩展性、可移植性、可重用性和自描述性等非功能需求，并将其作为系统适应工作的一部分。

参考文献

Andrzejak, A., Reinefeld, A., Schintke, F., & Schütt, T. (2006). On adaptability in grid systems. In V. Getov, D. Laforenza, & A. Reinefeld (Eds.), *Future generation grids* (pp. 29–46). New York, US: Springer.

Baldwin, C. Y., & Clark, K. B. (2006). Modularity in the design of complex engineering systems. In D. Braha, A. A. Minai, & Y. Bar-Yam (Eds.), *Complex engineered systems* (pp. 175–205). Berlin: Springer.

Bengtsson, P., Lassing, N., Bosch, J., & van Vliet, H. (2004). Architecture-level modifiability analysis (ALMA). *Journal of Systems and Software, 69*(1–2), 129–147.

Bordoloi, S. K., Cooper, W. W., & Matsuo, H. (1999). Flexibility, adaptability, and efficiency in manufacturing systems. *Production and Operations Management, 8*(2), 133–150.

Carlson, J. M., & Doyle, J. (2002). Complexity and robustness. *Proceedings of the National Academy of Sciences of the United States of America, 99*(3), 2538–2545.

Cliff, N. (1993). What Is and Isn't Measurement. In G. Keren & C. Lewis (Eds.), *A handbook for data analysis in the behavioral sciences: Methodological issues* (pp. 59–93). Hillsdale, NJ: Lawrence Erlbaum Associates.

Edwards, J. R., & Bagozzi, R. P. (2000). On the nature and direction of relationships between constructs and measures. *Psychological Methods, 5*(2), 155–174.

Engel, A., & Browning, T. R. (2008). Designing systems for adaptability by means of architecture options. *Systems Engineering, 11*(2), 125–146.

Fricke, E., & Schulz, A. P. (2005). Design for changeability (DfC): Principles to enable changes in systems throughout their entire lifecycle. *Systems Engineering, 8*(4), 342–359.

Hatley, D. J., & Pirbhai, I. A. (1988). *Strategies for real-time system specification*. New York: Dorset House.

IEEE. (2005). *IEEE Standard 1220: Systems engineering—Application and management of the systems engineering process*. New York: Institute of Electrical and Electronics Engineers.

IEEE, & ISO/IEC. (2010). *IEEE and ISO/IEC Standard 24765: Systems and software engineering—Vocabulary*. New York and Geneva: Institute of Electrical and Electronics Engineers and the International Organization for Standardization and the International Electrotechnical Commission.

Lissitz, R. W., & Green, S. B. (1975). Effect of the number of scale points on reliability: A Monte Carlo approach. *Journal of Applied Psychology, 60*(1), 10–13.

Ross, A. M., Rhodes, D. H., & Hastings, D. E. (2008). Defining changeability: Reconciling flexibility, adaptability, scalability, modifiability, and robustness for maintaining system lifecycle value. *Systems Engineering, 11*(3), 246–262.

第 10 章　可扩展性、可移植性、可重用性和自描述性

在系统寿命周期的设计阶段，系统和部件的设计需要有目的的特定行动，以确保有效的设计和可行的系统。设计人员面临着许多适应考虑因素或问题，必须将这些因素嵌入到设计的每一项思想和文档实例中。系统的适应能力对其持续生存以及为利益相关方提供要求的功能至关重要。适应考虑因素包括可扩展性、可移植性、可重用性和自描述性非功能需求。目的明确的设计不仅要理解这些需求，还要理解如何度量和评价这些需求。

10.1 引　　言

本章讨论四个主题，即可扩展性、可移植性、可重用性以及自描述性。这些主题都与设计工作中的适应考虑因素有关。10.2 节讨论了可扩展性及其定义，以及作为系统设计的一个方面是如何处理的；10.3 节定义了可移植性，简要说明了为什么可移植性是理想特征，以及为实现可移植设计人员必须考虑的四个因素；10.4 节对可重用性进行了阐述，包括给出一个清晰的定义和明确系统设计中的可重用性，即可以通过采用自上而下或自下而上的方法以及三种独特技术来实现重用设计，最后推荐了能在系统设计中支持实现可重用性的 2 种策略和 10 种启发式方法；10.5 节定义了自描述性，讨论了与自描述性相关的问题类型，还讨论了应如何利用用户-系统交互的七个设计原则，以及如何采用和应用适当的用户-系统交互标准，来减少错误并提高系统的自描述性；10.6 节定义了适应考虑因素的度量指标及度量方法，是可扩展性、可移植性、可重用性和自描述性的函数，提议将适应考虑因素关联在一起作为一项指标，还给出了可扩展性、可移植性、可重用性和自描述性的结构。

本章提出了一个具体的学习目标和相关支撑目标。学习目标是能够识别可扩展性、可移植性、可重用性和自描述性等的属性如何影响系统设计，具体由以下子目标支持：

（1）定义可扩展性；

（2）讨论在目的明确的系统设计过程中如何实现可扩展性；

（3）定义可移植性；

（4）描述在系统设计中影响可移植性的四个因素；

（5）定义可重用性；

（6）描述在设计过程中可能采用的两种实现可重用性的方法；

（7）定义自描述性；

（8）阐述与自描述性相关的三个层次问题；

（9）构建将适应性与特定指标和可测量特性联系起来的结构；

（10）解释可扩展性、可移植性、可重用性和自描述性在系统设计中的重要性。

实现上述目标需要掌握以下内容。

10.2 可扩展性

本节回顾了可扩展性的基础知识以及在系统开发过程中如何应用可扩展性。与许多其他非功能需求一样，可扩展性在系统需求的一般讨论中没有得到很好的理解或使用。若想验证这一断言，可花一分钟时间查看系统工程或软件工程教材的索引，查找单词“可扩展性”（extensibility），是不是没有？几乎所有主要文献都不涉及这个概念，有上述断言也就不足为奇了。因此，必须仔细研究可扩展性及其特性，以便在系统设计过程中为学习和应用可扩展性提供一个共同基础。

10.2.1 可扩展性的定义

从系统工程的角度来看，可扩展性的定义为：修改系统或部件以增加其存储或功能容量的容易程度，与可扩充性（expandability）同义（IEEE et al.，2010，p. 136）。

当作为系统的非功能需求使用时，可扩展性还有如表 10.1 所示的其他定义，这些定义便于更好地理解该术语。

表 10.1 可扩展性的其他定义

定 义	来 源
对软件产品的设计进行简单的更改，需要通过相应的简单工作来修改源代码的特性。可扩展性是工程有预先规划的结果，通过设计使某方面的预期变化变得简单	Batory et al.（2002，p. 211）
一种系统设计原理，通过提供扩展系统的能力来考虑未来的增长，同时尽量减少实现扩展所需的工作量和对现有系统功能的影响	Lopes et al.（2005，p. 368）
拓展软件具有新特征，同时软件组件具有不会损失需求规定的功能或质量的能力	Henttonen et al.（2007，p. 3）

还可以通过查看同义词可扩充性（expandability）的定义（表 10.2）来获得可扩展性的其他含义。

表 10.2　可扩充性的定义

定　义	来　源
可扩充性是提高或修改软件功能的效率所需的努力程度	IEEE et al.（2010，p.135）

根据上述定义，可扩展性可定义为扩展系统的能力，同时实现扩展所需的工作量以及对现有系统功能的影响最小化。在确定这个基本定义之后，下一节将讨论在系统设计过程中应如何将可扩展性用作有目的的元素。

10.2.2　系统设计中的可扩展性

系统设计过程中的可扩展性关注问题，可通过采用两种广泛的互补方法来实现：①产品线架构；②领域特定语言。本章提供了硬件和软件两种方法的部分示例。

可扩展性已经在大多数硬件产品的设计中实践了很多年。例如，想象一下购买一辆设计禁止添加可选配件的汽车。当经销商为货物选择存货时，不得不随机进行，而客户则不得不做出自身不满意的权衡。相反，如果当地经销商能够添加工厂选项，此时设计应包括添加部件的能力。通过通用接口和已建立标准，可将部件添加到设计中。使用部件连接通用接口的既定标准的设计，就能够按照无缝集成的方式接受新技术。众所周知，缺乏标准化的独一无二的设计是无法接受新技术改进的。电子行业将可扩展性作为一项主要的非功能需求，允许基于包括公认行业标准的接口设计来实现部件耦合。

大多数现代软件产品也是如此。提供大型企业资源规划套件的供应商对其产品进行了模块化设计，允许使用者选择执行特定业务功能（如财务会计、人力资源管理等）的任意数量的软件模块。供应商体系结构包括其自身的功能模块以及支持应用程序（如客户资源管理、调度等）的其他第三方供应商之间的接口。现代的软件框架还包括可扩展性的集成能力。例如，微软在NET 开发框架中将托管可扩展性框架作为一个库，用于创建轻量级、可扩展的应用程序。托管可扩展性框架中组件（称为 parts）即指定了依赖项、导入功能、提供功能或导出功能。当程序员创建一个组件时，托管可扩展性框架组合引擎即能够使用其他部件提供的内容来满足其导入需求。类似地，Oracle 公司的企业管理器（Enterprise Manager）也有一个可扩展性交换库，程序员可以在这个库中找到自身可能使用的插件和连接组件。

总之，可扩展性是一种有目的的设计功能，允许系统在其设计寿命周期内以最少的工作量和随后对系统及其用户最小干扰的方式来进行扩展、添加或修改。著名的软件先驱 David Lorge Parnas 提出了工程师必须在设计阶段中考虑变化情况的观点，他在早期关于设计变化的讨论中提出了一个非常明确的道德准则，正如在工程的其他领域的观点一样，即在开始设计之前必须对变化进行预测（Parnas，1979，p. 130）。

下一节将讨论可移植性这一非功能需求。

10.3 可移植性

本节讨论可移植性的基础知识以及可移植性在系统开发过程中的应用方法。与许多其他非功能需求一样，可移植性在系统需求的一般讨论中没有得到很好的理解或使用。如需验证上述断言，可花一分钟时间查看系统工程或软件工程文本的索引，并查找术语“可移植性”。是不是没有？几乎所有主要文献都不涉及这个概念，因此上述情况也就不足为奇了。因此，必须仔细研究可移植性及其特性，以便在系统设计过程中为学习和应用提供一个通用基础。

10.3.1 可移植性的定义

从系统工程的角度来看，可移植性的定义为：系统或部件从一个硬件或软件环境迁移到另一个硬件或软件环境的容易程度（IEEE et al.，2010，p. 261）。

表 10.3 列出了现有文献中关于可移植性的其他定义，这些定义可以进一步帮助理解该术语。

表 10.3 可移植性的其他定义

定 义	来 源
应用程序能从一环境移植到的另一新环境，而且使适应新环境所需的工作量小于新开发工作量的程度	Mooney（1990，p. 59）
将程序从一个硬件和/或软件系统环境移植到另一个环境所需的工作量	Pressman（2004，p. 510）

根据上述定义，可移植性是指系统能够移植到或能够适应新环境的程度。在确定了这个基本定义之后，下面将讨论可移植性在系统设计中如何作为一个目的性明确的要素。

10.3.2 系统设计中的可移植性

第 9 章指出，系统的变化是基于以下一个或多个主要因素：市场力量、技术进步、环境变化（Fricke et al.，2005）。现实世界中的系统始终处于一个不断变化的领域中，因此系统也会受到变化的影响，系统设计人员必须将这些变化的驱动因素作为系统寿命周期中实际的、永恒的元素加以解决。因此，设计一个具有一定适应程度的可移植系统，也就是说，系统能够在新的环境中进行移植或能够适应环境，是非常有意义的。

可移植性的主要目标是，使应用程序从当前运行环境移植到新环境或目标环境的工作活动更容易。这里的活动有两个主要方面：移植，将程序指令和数据从物理上移动到新环境；适应，根据需要对信息进行修改，使其在新环境中能完满运行（Mooney，1990，p. 59）。

为了实现可移植系统，设计人员需要解决四个主要因素：障碍因素、人的因素、环境因素以及成本因素（Hakuta et al.，1997）。

阻碍因素包括所有技术问题，此类问题会影响、限制或禁止系统从当前环境移植到新环境或目标环境。技术问题的部分例子包括：硬件和软件的可重用性、硬件/软件和标准的兼容性、硬件和软件之间的接口、数据结构、规模大小、重构工作、设计工具以及开发和测试环境的兼容性。

人的因素涉及设计团队的知识和经验，以及团队对系统进行移植或调整使其在新环境或目标环境下运行的任务完成能力。

环境因素涉及目标环境。具体说，是要素及其相关属性的集合，要素并非系统的一部分，任何要素的更改都会导致系统状态变化（Ackoff et al.，2006，p. 19）。对于不熟悉新环境要素的设计团队而言，新的目标环境通常是一个重大的挑战。

成本因素是指在新环境或目标环境下运行现有系统所需移植和改造工作的相关障碍因素、人的因素以及环境因素所产生的各单项成本之和。

在对将可移植性需求作为系统设计一部分的决策进行评价时，系统设计人员必须阐明所有上述因素。下一节将讨论系统的可重用性。

10.4 可重用性

本节将回顾可重用性的基础知识以及可重用性在系统开发过程中的应用。与前面讨论的其他非功能需求相比，“可重用性”是在讨论系统需求时经常使用的一个术语。尽管经常使用该术语，但仍需分析其正式的系统词汇定义以及部分文献中的定义，以便在系统设计过程中加深对该术语用法的理解。

10.4.1 可重用性的定义

从系统工程的角度来看，可重用性的定义为：资产可用于多个软件系统或用于构建其他资产的程度（IEEE et al.，2010，p.307）。

表10.4列出了现有文献中关于可重用性的其他定义，这些定义可以进一步帮助理解该术语。

表10.4 可重用性的其他定义

定义	来源
[软件] 系统任何部分的重复使用：文档、代码、设计、需求、测试用例、测试数据等	Pfleeger（1998，p.477）
重用性是设计中的重复性或相似性	Hornby（2007，p.52）
在某一方案的工程实现中重用以前开发的工程产品的程度。工程中的重用并不局限于部件，它遍历所有工程阶段，也适用于诸如需求规范、用例、架构、文档等的工程产品	Stallinger et al.（2010，p.308）

根据上述定义，可重用性是指在新系统中重复使用现有系统任意组成部分的程度。确定这个基本定义之后，下一小节将讨论可重用性如何在系统设计过程中用作目的明确的要素。

10.4.2 可重用性作为系统设计要素

从系统工程和设计的角度来看，通常认为可重用性是一种能直接降低与新系统设计和开发相关的费用的积极需求。

另外，对工程开发过程中的所有活动、解决方案结构的不同层级以及不同的工程专业实现重用，被认为是对降低成本、缩短开发时间、提高解决方案质量非常有效，但也极具挑战的措施（Stallinger et al.，2011，p.121）。

与可重用性相关的挑战建立由在设计中实现重用所要求的两个重要特征所决定。每名设计人员都必须仔细分析现有系统要素能满足功能性以及所要求接口的能力。因此，系统要素的设计者需要在设计中认真权衡功能性和接口要求，尤其要重视潜在可重用系统要素的功能性和接口要求。现有系统要素鲜有提供相同的功能性和接口，因此在系统设计中目的性很明显地将可重用性作为非功能需求时，权衡就显得尤为重要。

当将可重用性作为系统的非功能需求时，必须有相应的补充设计考虑因素。设计团队必须确定可重用性的方法，即重用设计是自上而下的（通常称为创成的）还是自下而上的（通常称为组合的）。

面向部件的重用采用自下而上的原理，其思想基础是：通过重用或调整现有部件，由规模较小、复杂性较低的零件来构建系统。与此相反，自上而下的重用方法则更具挑战性，因为需要彻底了解工程解决方案的整体架构（Stallinger et al.，2011，p. 121）。

可以从两个高层次视角来看重用，即可重用系统要素的生产者和可重用要素的使用者（Bollinger et al.，1990）。表 10.5 给出了使用者的重用技术分类，在决定使用者将如何利用可重用要素时会用到这些技术分类。

表 10.5　可重用系统要素使用者的重用技术

重用技术	说　明
黑盒重用	使用者不经修改地利用可重用要素
白盒重用	使用者要评价对可重用要素进行修改是否比构造新部件需要更多资源
透明盒重用	使用者要修改可重用要素来满足其特定需求

最后一点，重用是一个组织问题，并不局限于设计师和设计团队（Lim，1998；Lynex et al.，1998）。组织在推动系统相关重用工作时，采用表 10.6 所示典型战略之一。

表 10.6　组织的重用策略

重用策略	说　明
机会性	试图通过重用来节约产品，但没有一个关于如何实现这一目标的总体规划（Fortune et al.，2013，p. 306）
策略性	重用有更强的针对性，是面向过程的；预先确定了可重用的备选产品，而且为使产品更易于重用要进行投资（Fortune et al.，2013，p. 306）

为了在系统中成功执行可重用性，且有效地实施可重用性实践方法，并将其作为更大系统设计工作的一部分，组织就必须采用正式的重用过程和支持技术。10 种启发式方法可用于描述某些重用属性，这 10 种方法都可以作为手段来确保组织做出支持可重用性的战略决策（Fortune et al.，2013）。

启发式方法 1：重用不是免费的，需要前期投资，即存在与重用性设计相关的成本。

启发式方法 2：重用需要从项目的概念形成阶段就开始规划。

启发式方法 3：大多数与项目相关的产品都可以重用。

启发式方法 4：当服务需求在不同应用程序之间一致时，重用会更加成功。

启发式方法 5：重用既是一个技术的问题，也是一个组织的问题。

启发式方法 6：重用的收益关于项目规模是非线性的，即小规模系统不能像大型系统那样享受重用带来的更大好处。

启发式方法 7：当产品线及其相关供应链的多样性和波动性一致时，就具有更大的可重用机会。

启发式方法 8：自下而上（对产品要素做出购买或制造决策）和自上而下（进行产品线重用）重用，需要本质上不同的策略。

启发式方法 9：重用的适用性通常与时间相关，快速发展的领域中的重用机会比稳定领域更低，即产品会有重用的货架寿命。

启发式方法 10：重用的经济效益可以用质量、风险识别的改进来描述，也可以用缺陷、成本/工作量、上市时间的减少来描述（pp. 305-306）。

在对将可重用性需求作为系统设计的一部分的决策进行评价时，系统设计人员必须阐明所有这些因素。

10.5 自描述性

本节讨论自描述性的基础知识以及自描述性在系统开发过程中的应用。与前面讨论的其他功能需求相比，“自描述性”是在讨论系统需求时很少使用的一个术语。由于很少使用，需要对自描述性正式的系统定义以及相关文献中的部分定义进行分析。这样，在讨论系统设计过程中自描述性的应用时，就可以确保理解该术语的通用含义。

10.5.1 自描述性的定义

从系统工程的角度来看，自描述性的定义为：系统或部件包含足够信息解释其目标和特性的程度；解释函数实现的软件属性（IEEE et al.，2010，p. 322）。

表 10.7 列出了现有文献中关于自描述性的其他定义，这些定义可以进一步帮助理解该术语。

表 10.7　自描述性的其他定义

定　义	来　源
包含足够的信息，使读者能确定或验证其目标、假设、约束、输入、输出、部件及修订状态	Boehm et al.（1976，p. 600）
用来解释功能的实现方法的［软件］特性	Bowen et al.（1985，pp. 3-12）
信息反馈、用户指导及支持	Park et al.（1999，p. 312）

续表

定　义	来　源
是否根据系统显示信息，用户可以立即理解每个对话步骤？或者是否有一种机制可以根据用户请求获得任何其他解释性信息	ISO（2006，p. 6）
模型具有的模型概念嵌入足够信息来解释模型目标和特性的能力	Ben Ahmed et al.（2010，p. 110）
如果用户可以根据系统显示的信息立即理解每个对话步骤，则对话就是自描述性的	Frey et al.（2011，p. 268）

由上述定义可知，自描述性是一个系统特征，能使观察者确定或验证其功能是如何实现的。在确定这个基本定义之后，下一小节将讨论在系统设计过程中如何实现自描述性。

10.5.2　系统设计中的自描述性

自描述性的基础原理与用户和系统的对话有关。在这种背景下，对话定义为：用户和系统之间的交互，是为实现某一目标而发生的一系列用户活动（输入）和系统响应（输出）（ISO，2006，p. 6）。更简单地说，对话是用户与其关注系统之间的交互，目的是实现预期目标。作为对话的一部分，系统设计师必须努力理解系统及其用户是如何进行通信的，用户可以是设计师，也可以是运用系统完成其预期功能的使用人员。ISO 9241 标准的第 110 部分对话原则（ISO，2006）列出了七条原则，其中第二条即是自描述性，对实用设计的行为方式进行了定义。研究表明，对话原则中自描述性是最重要的（Watanabe et al.，2009，p. 825）。

表 10.8 中描述了与自描述性相关的三个层次的问题。

表 10.8　自描述性相关问题

问　题	说　明
缺乏自描述性	系统提供给用户的信息缺失
自描述性的感知问题	向用户提供的系统有关信息具有某种形式的自描述能力，但还不足以形成理解
自描述性的概念问题	向用户呈现的信息能够清楚地显示，但存在某种认知障碍，从而妨碍用户理解

通过采用用户-系统对话的七个设计原则，设计人员可大大减少以下问题：普遍性对话错误、表 10.8 中的自描述性错误、更大范围的七类系统错误（Adams et al.，2012，2013）。设计中将自描述性包含在非功能需求中，要求

设计团队正式采用并使用适当的用户-系统对话标准（ISO，2006）。

自描述性的重要性超出了系统设计的范畴，对系统实施以及从运行和维修阶段直到退役和处置期间的持续生存能力产生直接影响。正是因为用户-系统对话具有如此长久的效果，因此对话在系统设计工作中具有非常重要的地位。自描述性对于测试性和可理解性都是非常必要的（Boehm et al.，1976，p. 606），因而也可以外推到其他需求上。

下一节将讨论如何度量和评价可扩展性、可移植性、可重用性和自描述性这四个非功能需求。

10.6 评价可扩展性、可移植性、可重用性和自描述性的方法

可扩展性、可移植性、可重用性和自描述性包含在系统需求中时，理解、度量和评价这些非功能需求的能力是非常有价值的。具备了度量和评价这些非功能需求的能力，就能够提供对所设计系统所有要素的未来性能和生存能力的补充视角和洞悉。

在对可扩展性、可移植性、可重用性和自描述性及其在系统设计中应用进行了基本的了解之后，就必须开发一种量度。由于上述非功能需求都是主观、定性的量度，与许多其他非功能需求的客观、定量量度大不相同，制定此类需求的量度非常困难。为了理解如何进行主观、定性的度量，首先对如何测量主观、定性的对象进行分析。

10.6.1 度量量表的开发

为了评价可扩展性、可移植性、可重用性和自描述性，必须回答在系统设计过程中是否存在目的明确的非功能需求相关工作以及工作质量如何的问题。目标是将四个非功能需求都进行框架化，并将其转换为一个具有特定可测量属性的对象。设立有效且合理的度量指标非常重要，因为指标是可观察的、真实的、经验性事实的系统与可扩展性、可移植性、可重用性和自描述性评价点（即）之间的链接。这种情况下，度量定义为通过自我报告、访谈、观察或其他方式收集的观察分值（Edwards et al.，2000，p. 156）。

1）可扩展性、可移植性、可重用性和自描述性量表

正如在制定追溯性（见第6章）、系统安全性（见第8章）和可变性（见第9章）量表过程中所讨论的，选择度量量表是制定适当量度的一个重要因素。由于这些非功能需求没有自然原点或经验定义的距离，所以应该选择一个

序数量表作为测量系统可扩展性、可移植性、可重用性和自描述性的适当量表。为了确保提高可靠性，采用5个点值的Likert量表（Lissitz et al.，1975）。

2）建议量表

如前所述，量表是一种建议的标度或量表。建议量表是由一些研究者提出的、具有必要属性的量表，如果确实证明具有此类属性，则可以视其为量表（Cliff，1993，p.65）。这里，量表是指建议的量表。这似乎是一个无关紧要的问题，但在量表获得接受并成功利用之前，仍然是属于建议性质的。

3）可扩展性、可移植性、可重用性和自描述性的建议量表

具备了构成、量度属性以及适当的量表类型，就可以构造可扩展性、可移植性、可重用性和自描述性的量度。为了评价这些非功能需求属性，必须回答系统设计中是否存在有效和有意义的可扩展性、可移植性、可重用性和自描述性以及相关工作质量如何的问题。四项标准，即度量结构都有特定问题，如表10.9所示，可用于评价其对适应性考虑因素的贡献。

表10.9　适应性考虑因素的度量问题

度量结构	度量的适应性考虑因素
A_{exten}	在使实施扩展所需工作最小化、对现有系统功能影响最小化的条件下，具有扩展系统的能力吗
A_{port}	系统是否可以转移到或调整到在新环境下运行
A_{reuse}	系统在设计或建造时是否能够重复使用现有系统的任何部分
$A_{selfdes}$	系统是否具有允许观察者确定或验证其功能实现方式的特征

表10.9中每个问题的答案可利用表10.10中的Likert测量值进行评分。

表10.10　适应性测量问题的Likert量表

指标	描述符	度量准则
0.0	无	没有客观质量证据
0.5	有限的	存在有限的客观质量证据
1.0	名义的	存在名义的客观质量证据
1.5	广泛的	存在广泛的客观质量证据
2.0	大量的	存在大量的客观质量证据

式（10.1）中的四个构成之和，可用于对系统设计中的适应程度度量。

系统适应性的扩展函数：

$$A_{sys}=A_{exten}+A_{port}+A_{reuse}+A_{selfdes} \tag{10.1}$$

10.6.2 度量可扩展性、可移植性、可重用性和自描述性

第3章末强调了衡量非功能属性的重要性。这里将适应考虑因素与四个特定指标和可测量特性联系起来。表10.11给出了度量适应性的四层结构。

表10.11 度量适应性的四层结构

层级	作用
关注问题	系统适应性
属性	适应性问题
指标	可扩展性、可移植性、可重用性和自描述性
可度量特性	可扩展性（A_{exten}）、可移植性（A_{port}）、可重用性（A_{reuse}）和自描述性（$A_{selfdes}$）之和

10.7 本章小结

本章讨论了适应考虑因素所涉及的可扩展性、可移植性、可重用性和自描述性四个非功能需求，给出了它们的正式定义以及补充的解释性定义、术语，阐述了设计过程中实施四个非功能需求的能力，最后提出了一种形式化的度量方法和度量特性，可用可扩展性、可移植性、可重用性和自描述性量度来评价设计考虑因素。

后续两章将讨论与系统可行性相关的非功能需求。

参考文献

Ackoff, R. L., & Emery, F. E. (2006). *On Purposeful Systems—An Interdisciplinary Analysis of Individual and Social Behavior as a System of Purposeful Events*. Piscataway, NJ: Aldine.

Adams, K. M., & Hester, P. T. (2012). Errors in Systems Approaches. *International Journal of System of Systems Engineering, 3*(3/4), 233–242.

Adams, K. M., & Hester, P. T. (2013). Accounting for errors when using systems approaches. *Procedia Computer Science, 20*, 318–324.

Batory, D., Johnson, C., MacDonald, B., & von Heeder, D. (2002). Achieving extensibility through product-lines and domain-specific languages: A case study. *ACM Transactions on Software Engineering Methodology, 11*(2), 191–214.

Ben Ahmed, W., Mekhilef, M., Yannou, B., & Bigand, M. (2010). Evaluation framework for the design of an engineering model. *Artificial Intelligence for Engineering Design, Analysis and Manufacturing, 24*(Special Issue 01), 107–125.

Boehm, B. W., Brown, J. R., & Lipow, M. (1976). Quantitative evaluation of software quality. In R. T. Yeh & C. V. Ramamoorthy (Eds.), *Proceedings of the 2nd International Conference on*

Software Engineering (pp. 592–605). Los Alamitos, CA: IEEE Computer Society Press.

Bollinger, T. B., & Pfleeger, S. L. (1990). Economics of reuse: issues and alternatives. *Information and Software Technology, 32*(10), 643–652.

Bowen, T. P., Wigle, G. B., & Tsai, J. T. (1985). *Specification of software quality attributes: Software quality evaluation guidebook (RADC-TR-85-37, Vol III)*. Griffiss Air Force Base, NY: Rome Air Development Center.

Cliff, N. (1993). What is and isn't measurement. In G. Keren & C. Lewis (Eds.), *A Handbook for Data Analysis in the Behavioral Sciences: Methodological Issues* (pp. 59–93). Hillsdale, NJ: Lawrence Erlbaum Associates.

Edwards, J. R., & Bagozzi, R. P. (2000). On the nature and direction of relationships between constructs and measures. *Psychological Methods, 5*(2), 155–174.

Fortune, J., & Valerdi, R. (2013). A framework for reusing systems engineering products. *Systems Engineering, 16*(3), 304–312.

Frey, A. G., Céret, E., Dupuy-Chessa, S., & Calvary, G. (2011). QUIMERA: A quality metamodel to improve design rationale, *Proceedings of the 3rd ACM SIGCHI symposium on Engineering interactive computing systems* (pp. 265–270). New York: Association for Computing Machinery.

Fricke, E., & Schulz, A. P. (2005). Design for changeability (DfC): Principles to enable changes in systems throughout their entire lifecycle. *Systems Engineering, 8*(4), 342–359.

Hakuta, M., & Ohminami, M. (1997). A study of software portability evaluation. *Journal of Systems and Software, 38*(2), 145–154.

Henttonen, K., Matinlassi, M., Niemelä, E., & Kanstrén, T. (2007). Integrability and extensibility evaluation from software architectural models—a case study. *Open Software Engineering Journal, 1*, 1–20.

Hornby, G. S. (2007). Modularity, reuse, and hierarchy: Measuring complexity by measuring structure and organization. *Complexity, 13*(2), 50–61.

IEEE, & ISO/IEC (2010). IEEE and ISO/IEC Standard 24765: Systems and software engineering —vocabulary. New York and Geneva: Institute of Electrical and Electronics Engineers and the International Organization for Standardization and the International Electrotechnical Commission.

ISO. (2006). *ISO standard 9241-110: Ergonomics of human-system interaction—part 110: Dialogue principles*. Geneva: International Organization for Standardization.

Lim, W. C. (1998). Strategy-driven reuse: Bringing reuse from the engineering department to the executive boardroom. *Annals of Software Engineering, 5*(1), 85–103.

Lissitz, R. W., & Green, S. B. (1975). Effect of the number of scale points on reliability: A Monte Carlo approach. *Journal of Applied Psychology, 60*(1), 10–13.

Lopes, T. P., Neag, I. A., & Ralph, J. E. (2005). The role of extensibility in software standards for automatic test systems, *Proceedings of AUTOTESTCON—The IEEE systems readiness technology conference* (pp. 367–373). Piscataway, NJ: Institute of Electrical and Electronics Engineers.

Lynex, A., & Layzell, P. J. (1998). Organisational considerations for software reuse. *Annals of Software Engineering, 5*(1), 105–124.

Mooney, J. D. (1990). Strategies for supporting application portability. *Computer, 23*(11), 59–70.

Park, K. S., & Lim, C. H. (1999). A structured methodology for comparative evaluation of user interface designs using usability criteria and measures. *International Journal of Industrial Ergonomics, 23*(5–6), 379–389.

Parnas, D. L. (1979). Designing software for ease of extension and contraction. *IEEE Transactions on Software Engineering, SE-5*(2), 128–138.

Pfleeger, S. L. (1998). *Software engineering: Theory and practice*. Upper Saddle River, NJ:

Prentice-Hall.

Pressman, R. S. (2004). *Software engineering: A practitioner's approach* (5th ed.). New York: McGraw-Hill.

Stallinger, F., Neumann, R., Vollmar, J., & Plösch, R. (2011). Reuse and product-orientation as key elements for systems engineering: aligning a reference model for the industrial solutions business with ISO/IEC 15288, *Proceedings of the 2011 International Conference on Software and Systems Process* (pp. 120–128). New York: ACM.

Stallinger, F., Plösch, R., Pomberger, G., & Vollmar, J. (2010). Integrating ISO/IEC 15504 conformant process assessment and organizational reuse enhancement. *Journal of Software Maintenance and Evolution: Research and Practice, 22*(4), 307–324.

Watanabe, M., Yonemura, S., & Asano, Y. (2009). Investigation of web usability based on the dialogue principles. In M. Kurosu (Ed.), *Human Centered Design* (pp. 825–832). Berlin: Springer.

第五部分　生存力考虑因素

第 11 章　可理解性、易用性、鲁棒性和生存性

在系统寿命周期的设计阶段，系统和部件设计需要采取目的明确的活动，以确保有效的设计、可行的系统。如果系统要继续为利益相关方提供所需的功能，那么保持可行的生存能力至关重要。核心生存力考虑因素包括可理解性、易用性或有用性、鲁棒性及生存性等方面的非功能需求。目的性明确的设计需要理解这些需求，以及理解应如何作为系统综合设计的一部分来度量和评估每一需求。

11.1　可理解性、易用性、鲁棒性和生存性概述

本章主要讨论四个主题，即可理解性、易用性、鲁棒性和生存性。上述所有主题都与设计工作中的系统核心生存力问题有关。11.2 节回顾了可理解性以及如何将其作为系统设计中目的明确的一个方面；11.3 节定义了易用性，从一个角度说明了为什么易用性是一个必需的特性，并说明了与易用性相关的四个属性；11.4 节通过提供一个明确的定义并将鲁棒性作为系统设计的一个元素来论述鲁棒性，还提出了与设计相关的鲁棒性概念；11.5 节定义了生存性及其三个主要因素，还讨论了 17 个在设计生存性时可能需要引用的设计原则；11.6 节定义了衡量核心生存力问题的指标和方法，该方法是可理解性、易用性、鲁棒性和生存性的函数；还构建了将核心续存问题与可理解性、易用性、鲁棒性和生存性联系起来的结构。本章提出了一个具体的学习目标和相关子目标。学习目标是能够识别可理解性、易用性、鲁棒性和生存性等属性在系统相关工作中如何影响系统设计，具体由以下子目标支持：

（1）定义可理解性；

（2）讨论在目的明确的系统设计中如何实现可理解性；

(3) 定义易用性;
(4) 描述传统上与易用性相关的四个属性;
(5) 定义鲁棒性;
(6) 讨论与鲁棒性设计相关的要素;
(7) 定义生存性;
(8) 描述生存性的三个要素;
(9) 讨论与生存性相关的设计原则;
(10) 构建将核心续存能力与特定度量和可测量特性联系起来的结构;
(11) 解释可理解性、易用性、鲁棒性和生存性在系统设计中的重要性。
学习以下内容可实现上述目标能力。

11.2 可理解性

本节将回顾可理解性的基础知识以及可理解性在系统开发过程中的应用方法。可理解性这一非功能需求定义似乎是一个明确的定义，也是开发系统时的主题之一。但是，如果搜索关于设计的教材和学术文章，则会发现很少提及可理解性。为了改善这种情况，也为了更精确地制定适当的可理解性量度，必须构造一个通用的可理解性定义以及相关术语，从而描述其在系统设计工作中的用途。

11.2.1 可理解性的定义

从系统工程的角度来看，可理解性的定义为：在系统结构层次和详细声明层次上均能理解系统的容易程度。注意，与可读性相比，可理解性与系统一致性使用更为广泛（IEEE et al.，2010，p. 385）。

可理解性还有如表 11.1 所示的其他形式的定义，也作为系统的非功能需求使用，有助于更好地理解该术语。

表 11.1 可理解性的其他定义

定义	来源
代码具有易于理解的特性，检查人员可以清楚了解代码的作用。这意味着变量名或符号的用法具有一致性，代码模块具有自描述性，控制结构简单或符合规定标准等	Boehm et al.（1976，p. 605）
易于理解程序的功能及其功能实现	Blundell et al.（1997，p. 237）

续表

定　　义	来　　源
与易于使用有关，指阅读和正确解释概念模型的工作，是确定概念模型不同部分意义的认知过程	Houy et al.（2012，p. 66）
容易、正确理解的需求	Genova et al.（2013，p. 27）

通过查阅与其密切相关的一个术语，即无歧义性，还可以获得可理解性的其他含义。需要注意的一点是，无歧义性和可理解性是相互关联的，甚至有部分说法认为二者是同一属性，因为如果一个需求是模糊的，那么就不能得到正确理解（Genova et al.，2013，p. 28）。表 11.2 给出了无歧义性的两个正式定义。

表 11.2　无歧义性定义

定　　义	来　　源
采用只有唯一解释的术语来进行描述，必要时可借助定义	IEEE et al.（2010，p. 384）
每项需求只有一种解释	Genova et al.（2013，p. 27）

根据以上定义，从系统用户的角度出发，可理解性是指能够毫不费力地理解系统的任何部分。在确定了这个基本定义之后，下面的讨论有助于理解系统的要素。

11.2.2　可理解性的要素

实验研究表明，系统中的可理解性是三个组成部分的总和，即领域知识、系统的贡献、机会。当可理解性使用上述三个度量之和进行评估时，称为绝对可理解性；当可理解性度量仅包括系统及其相关设计产品的贡献时，称为相对可理解性（Ottensooser et al.，2012，p. 600）。

在了解了系统可理解性由三个部分构成，而且相对可理解性是系统设计师创建可理解设计产品的能力的函数后，下面将讨论如何在系统设计过程中将可理解性用作目的明确的要素。本章其余部分提到可理解性时，都是指相对可理解性，系统设计师对其拥有最终控制权。

11.2.3　系统设计中的可理解性

在明确系统设计师直接负责系统可理解性，而且可理解性是设计产品（如用户文档、帮助页面、功能信息流、业务规则应用等）的函数后，设计就必须采用正式方法来确保可理解性。如果不采用正式的设计方法，用户和系统维护人员可能会遇到以下情况：

如果不能获得某些东西，就不会理解它。如果不能理解某些东西，就不会使用它，至少不能很好地避免经费消耗。我们不能维护一个不了解的系统，至少不能比较容易地进行维护。如果我们无法理解整个系统更改后会如何工作，我们也就不会对系统进行更改（Nazir et al.，2012，p. 773）。

为了避免上述类型的问题，系统设计必须实现并采用一个清晰的概念模型，以便于理解。一个成功的设计最重要的部分是作为基础的概念模型，设计的难点：要明确表达一个合适的概念模型，并且确保所有其他事项均与之一致（Norman，1999，p. 39）。

简言之，系统的概念模型是人们用来表示对系统如何工作的理解的心智模型。概念模型或心智模型只是对真实世界系统的感知结构，概念模型的用途包括：预测事物的行为方式；理解系统部件与其执行功能之间的关系。概念模型明确了应用领域的静态和动态两个方面。静态方面描述了真实世界实体及其相关的关系和属性，动态方面由过程及其接口和行为建立模型（Kung，1989，p. 177）。概念模型的静态部分包括事物及其相关属性，而动态方面则负责处理事件及其支持过程。概念模型的静态和动态视角具有四个目的（Kung et al.，1986）：

（1）支持系统设计人员和用户之间的交流；

（2）帮助分析人员理解一个领域；

（3）为设计过程提供输入；

（4）记录原始需求以备将来参考引用。

在概念模型的构建中特别有用的原则是隐喻原则。该原则认为：人们可通过使用隐喻的方式来发展新的认知结构（Carroll et al.，1982，p. 109）。

隐喻的定义是一种修辞格（或比喻）。在这种修辞格中，字面上表示一件事的组词可用来表示另一件事，从而含蓄地比较这两件事（Audi，1999，p. 562）。隐喻是一种开发概念模型的有力工具。隐喻原则是将隐喻作为一种强有力的技术，目的是获取和使用现有的知识，从而建立一种可以用来开发新的知识结构关系的基础。某种程度上，可以利用用户已经熟悉的东西向新用户解释系统，此时系统将更容易理解（Branscomb et al.，1984，p. 233）。

概念模型的开发是一项设计技术，能使系统设计人员在设计过程中以及系统寿命周期中同样重要的使用和维修阶段，阐明并始终一致地表达系统术语和相关概念的含义。完整性、一致性、可理解性和无歧义性取决于精确：更精确的语言有助于编写更完整、一致、可理解和无歧义的需求（Genova et al.，2013，p. 28）。

图 11.1 给出了设计人员和用户的概念模型与真实世界系统映像之间的相互关系。系统映像是系统设计人员与系统用户进行沟通的方式。

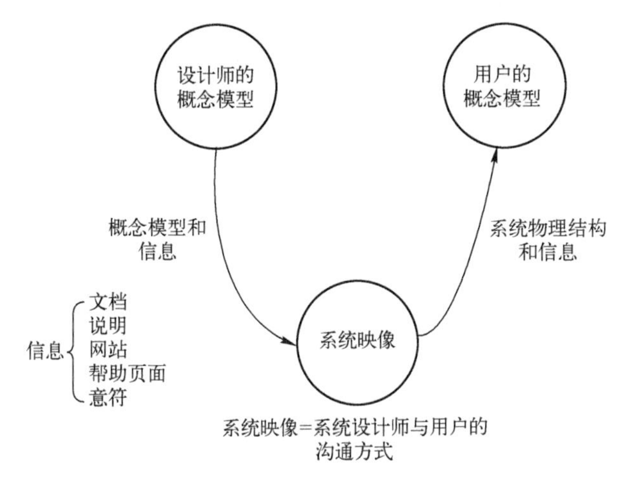

图 11.1　系统映像与用户和设计人员的概念模型

设计师的系统概念模型，再加上文档、说明、网站、帮助页面和标识符（即提供给用户的系统行为的指示符），是该系统映像的构成部分。系统映像是系统的物理结构和信息，用户可以从中构建自己的系统概念模型。设计师的概念模型和用户的概念模型之间的偏差即是设计错误，不仅会降低系统的可理解性，并且最终会导致下一个问题，即系统易用性方面的问题。

总之，可理解性是一种目的明确的设计功能，允许用户在整个系统寿命周期中以最小代价来理解系统。《日常事务的设计》（2013）的作者，也是人类信息处理专家，Norman 指出，最重要的设计工具是连贯性和可理解性，并且应来自同一个明确的、可感知的概念模型（Norman，1999，p. 41）。

下一节将阐述易用性非功能需求。

11.3　易　用　性

本节将讨论易用性的基础知识以及易用性在系统开发过程中的应用方法。与许多其他非功能需求一样，易用性听起来是一个非常清晰的概念。但是，对该术语达成一个通用定义和理解它仍然非常困难。再次强调，可花一分钟时间查看系统工程或软件工程教材的索引，并查找单词“易用性”，是不是没有？几乎所有主要文献都不涉及这个概念，因此上述情况也就不足为奇了。必须仔细研究易用性及其特征，以便在系统设计过程中为学习和应用提供一个共同的基础。

11.3.1 易用性的定义

从系统工程的角度来看，易用性的定义为：用户可以轻松地学习、操作、准备输入和解释系统或部件的输出的程度（IEEE et al.，2010，p. 388）。

表 11.3 列出了现有文献中关于易用性的其他定义，这些定义可以帮助读者进一步理解该术语。

表 11.3 易用性的其他定义

定义	来源
学习、操作、准备输入和解释程序输出所需要的努力	Cavano et al.（1978，p. 136）
根据将人因提高到可接受水平所需的努力程度来确定等级	McCall et al.（1980，p. 28）
使用起来有多容易。例如，可操作性和培训是易用性的准则	Bowen et al.（1985，pp. 2-17 and 3-1）
一组属性，对使用所需的工作有影响，与明确声明或暗示的用户对系统使用的个人评估有关	Bevan（2001，p. 537）；ISO/IEC（1991）
学习、操作、准备输入和解释程序输出的努力	Blundell et al.（1997，p. 237）
在规定使用环境下，产品或系统由规定用户使用，达到规定目标的效能、效率和满意的程度	ISO/IEC（2011，4.2.4）
易用性特征包含了系统使用有多容易的诸多方面，包括应如何快速学习使用，还包括界面是否有吸引力，以及存在使用困难的人员是否能够使用等	Wagner（2013，p. 62）

根据上述定义，易用性是学习、解释和有效操作系统所需的努力程度。在确定这个基本定义之后，接着讨论在系统设计过程中应如何将易用性用作有目的的要素。

11.3.2 系统设计中的易用性

上一节中提出了系统映像是系统的物理结构和信息，用户可以从中构建自己的系统概念模型。当设计人员的概念模型所表达的意图与用户概念模型中的实际理解之间存在偏差（这是系统映像的直接结果）时，可理解性和系统易用性就会降低。

在讨论系统设计中的易用性时，应利用易于使用、易于学习、错误保护、错误恢复和执行效率等设计参数（Maxwell，2001）。Jakob Nielsen 是以人为中心的设计先驱之一，他指出了易用性的重要性，以及易用性有多个组成部分，易用性在传统上与以下五个属性相关：

（1）可学习性。系统应该易于学习，这样用户就可以快速入手使用系统完成一些工作。

（2）效率。系统使用应该是高效的，这样一旦学习者学会了使用系统，就有可能获得高水平的生产力。

（3）可记忆性。系统应该易于记忆，这样用户可以在一段时间不使用系统的情况下仍能具备使用系统的能力，而无须重新学习所有内容。

（4）差错。系统应具有较低的出错率，以便用户在使用系统时很少出错，并且如果用户确实出错，也可以很容易地从差错中恢复。此外，决不能发生灾难性差错。

（5）满意。用户使用系统时应该是愉快的，以便具有满足感，而且乐于使用系统（Nielsen，1993，p. 26）。

在系统寿命周期的工程设计阶段，应涉及易用性要素的具体过程。这些过程称为易用性工程或以人为中心的设计（human-centered design），提供了相应的正式方法，以确保在设计阶段的早期即明确易用性特性，并在随后的所有寿命周期阶段中继续对其进行测量。表 11.4 列出了人-计算机交互（HCI）中的考虑因素以及相关的量度。

表 11.4　HCI 中的考虑因素（Zhang et al.，2005，p. 522）

HCI 考虑因素	属性领域	说　明	度 量 项 目
物理的	人机工效	系统与用户的体力和限制匹配，不会对人的健康造成伤害	• 易读 • 可听 • 使用安全
认知的	易用性	系统符合人的认知优势和局限性，并能够作为用户大脑的认知延伸发挥作用	• 错误很少且易恢复 • 易于使用 • 容易记住如何使用 • 易学
情感、感情和内在动机的	满意	系统能够满足人的审美和情感需求，并且具有吸引力	• 美观 • 迷人 • 值得信赖 • 令人满意和享受 • 愉快和有趣
外在动机的	有用性	使用系统能提供不一样的结果	• 支持个人任务 • 可以完成一些没有该系统就无法完成的任务 • 扩展个人能力 • 奖励

与可理解性一样，易用性涉及一个很强的认知成分，因为用户需要在一定程度上理解系统，然后才能使用系统。数据与信息的关系是人类认知的一个重要因素。

在处理成可使用的形式之前，大多数数据价值很有限。将数据处理成可使用的形式需要人工干预，一般通过信息系统来完成。这一过程的输出是信息。信息包含在描述中、对问题的回答之中。问题大多与谁、什么、在哪里、何时、多少相关。对数据执行这些功能性操作，将其转换为信息（Hester et al.，2014，p. 161）。

数据信息处理中，在成为有意义信息之前，必须以可利用的形式来呈现数据。如何选择表达方式，将直接影响信息的易用性。例如，对于某些问题而言，图表比文本更好，但是对于其他问题而言，结果可能正好相反。一个学派认为，不同之处在于定位和索引信息成分的认知过程（Green et al.，1996，p. 134）。

设计人员还必须能够敏锐了解系统的领域以及该领域的用户功能需求。对功能需求和用户领域的了解，有助于设计人员选择系统应包含的属性，可支持主动实现易用性。便于使用的产品要通过结合已知的产品特性和属性来进行设计，目的是使用户能够在特定使用环境中获益（Bevan，2001，p. 542）。

总之，有许多方法和技术可供系统设计人员使用，这些方法和技术能为工程实现一个易于使用的系统设计提供支持。

有很多策略可以帮助人们理解如何使用系统设计。必须明确策略之间的区别，因为这些策略具有非常不同的功能和含义。概念和策略考虑的草率往往会导致设计的草率，而设计的草率也会给用户带来困惑（Norman，1999，p. 41）。

在对将易用性要求作为设计的一部分融入系统相关工作的决策进行评价时，系统设计人员必须阐明本节讨论的所有因素。

11.4 鲁 棒 性

本节讨论鲁棒性及其在系统开发过程中的应用。与上述讨论的其他非功能需求相比，鲁棒性是在讨论系统需求时不常使用的一个术语。因此有必要对系统词汇表中的正式定义以及部分文献中的定义进行回顾，以便在随后各节中加深对该术语的理解。

11.4.1 鲁棒性的定义

从系统工程的角度来看，鲁棒性的定义为：在发生无效输入或应力环境条件下，系统或部件能够正常工作的程度，参见容差、容错（IEEE et al.，2010，p. 313）。

表 11.5 列出了现有文献中关于鲁棒性的其他定义，这些定义可以进一步帮助读者理解该术语。

表 11.5 鲁棒性的其他定义

定义	来源
对变化的不敏感性	Box et al.（1993，p. 503）
尽管其组成部分或环境的行为存在波动，但仍能维持某些期望的系统特征	Carlson et al.（2002，p. 2539）
表征系统对变化环境不敏感的能力。在变化的使用条件下，鲁棒系统不做调整就能够提供预期的功能	Fricke et al.（2005，p. 347）
对变化不敏感的状态	Hwang et al.（2005，p. 231）
系统内部和外部发生变化情况下保持参数不变的能力	Ross et al.（2008，p. 249）

由上述定义可有这样的结论，鲁棒性是指系统因内部变化或环境引起波动的情况下仍保持期望特性的能力。明确了鲁棒性的定义，下面将讨论鲁棒性在系统设计过程中如何作为一个有目的的设计要素。

11.4.2 作为系统设计要素的鲁棒性

从工程的角度来看，鲁棒性通常被视为一种使用特性，并且必须通过有明确目的的设计来实现，这样才能使系统在真实环境中保持生存力。在真实环境中使用要求系统能够消除由用户以及所属环境引起的扰动。

为了充分确保生存力，设计过程必须同时考虑系统用户和使用环境。需要注意的是，用户和环境都是非常复杂的。这是因为系统设计不仅必须适应当前要求的用户群和定义的环境，而且还必须适应增加新用户的变化，这种改变也使系统处于不断变化的环境中。做不到这一点，将限制系统的运行能力，并需要对其结构进行修改或更改，成本非常高。对系统规定的使用条件范围应足够宽泛，应能在允许用户和环境发生变化的同时不会产生明显的系统功能损失。具有广泛使用条件的产品比限制性多的产品更为优秀（Schach，2002，p. 148）。

1）鲁棒性方案

在系统中实现鲁棒性的主要方法是冗余。冗余是实现灵活性和鲁棒性的关键，因为冗余能支持容量、功能性、性能以及容错等方面的不同选项（Fricke et al.，2005，p. 355）。传统的设计方法是确保系统要素（即组成部分）具有足够的冗余度，从而允许在某些系统要素发生故障或失效的情况下继续保持运行能力。这是系统设计中可靠性的传统任务，包括有目的地对系统要素进行配置和相互连接。

因为鲁棒性是通过非常具体的内部结构来实现的，其中任何系统拆卸之后，如果还期望系统重新组装后正常工作，自由度是非常小的。尽管通过采用冗余和反馈调节所设计的部件可以容忍较大变化甚至故障，但却不能容忍内部相互连接零件的重新排列，因为这一般不属于设计需求（Carlson et al.，2002，p. 2539）。

在系统设计过程中，系统设计人员根据设计规范中的功能和非功能需求，对系统层次结构中的子系统和较低层级的组件进行目的明确的工程实现。设计按照逐个模块实现的方式，整个系统的可靠性和鲁棒性成为系统架构设计的一个函数。但是，模块化设计和构造往往会削弱鲁棒性，因为此时需要在系统设计中强调减少耦合。

系统的鲁棒性嵌在模块化设计之中，如果每个模块都能够采用鲁棒性设计原则，则整个系统就能够保持整体鲁棒性。由于模块化设计中固有的相互连接减少，通过冗余获得的鲁棒性会受到模块化的影响（Ross et al.，2008，p. 258）。

2）鲁棒性的设计

2004 年，Clausing 提倡使用操作窗口来定义系统特性成功运行的期望范围。

操作窗口是指至少一项系统关键功能变量的范围，在该范围内故障率小于某个选定值。该范围由阈值限定，超过该阈值，系统性能将降级到某个选定恶化水平（Clausing，2004，p. 26）。

通过在使用期间引入一个应力因素（通常称为噪声）来对系统施加扰动，即可确定操作窗口。施加应力因素的目的是降低系统的性能。在系统设计的早期阶段，系统的初始配置应接受应力测试。通过在设计过程的早期对系统运行施加应力，设计团队就能够对初始故障率加以验证并建立操作窗口。操作窗口通常设置在 0.1～0.5 倍的故障率之间（Clausing，2004）。随着系统设计的进展，经历设计过程的后期并进入早期开发阶段，系统再次进行应力测试。在最终设计和早期开发阶段围绕改进鲁棒性的工作会产生操作窗口的扩展或收缩，可通过审查操作窗口的扩展或收缩量来评价鲁棒性的实现情况。

目前还没有一种公认的方法来评估系统设计工作中的鲁棒性。鲁棒性评估（Huang et al.，2007）和可行性鲁棒性（Du et al.，2000）是鲁棒性评价领域中有前景的两种方法。

总之，对鲁棒性的渴望源于以下事实：无论是在现实中还是在感知中，变化都是不可避免的（Ross et al.，2008，p. 247）。鲁棒性是一种非功能需求，能使系统在系统本身和环境的干扰条件下保持生存力。在对将鲁棒性作为系统设计工作有机组成的决策进行评价时，系统设计人员必须阐明本节提到的所有因素。

11.5　生　存　性

本节将讨论生存性的基础知识以及系统生存性在系统开发过程中的应用方法。生存性作为一种非功能需求，在讨论系统需求时很少提及。由于很少使用，因此需要对生存性正式的系统性定义以及相关文献中的部分定义进行回顾。这将强化在系统设计过程中对生存性的理解。

11.5.1　生存性的定义

从系统工程的角度来看，生存性的定义为：产品或系统在受到攻击的情况下，能够通过及时提供基本服务的方式继续完成其任务的程度，参见可恢复性[SE VOCAB]。

生存性的其他定义可参阅相关文献，具体见表 11.6。所有这些定义都可以用来更好地理解作为系统非功能需求的生存性。

表 11.6　生存性的其他定义

定　义	来　源
在发生攻击、故障或事故时，系统能及时完成其任务的能力	Ellison et al.（1997，p. 2）
在发生攻击和故障时，系统及时完成其任务的能力	Redman et al.（2005，p. 184）
系统容忍故意攻击或意外发生故障或错误的能力	Korczaka et al.（2007，p. 269）
系统将有限持续扰动对价值传递的影响最小化的能力	Mekdeci et al.（2011，p. 565）

根据上述定义，生存性是指系统在遭受攻击或意外故障或错误时继续保持运行的能力。在确定这个基本定义之后，下面将讨论在系统设计过程中如何实现生存性。

11.5.2　生存性方案

一般来说，系统必须始终保持能够生存的能力。但在某些特定的场合可以放宽对系统的生存要求，包括系统为了升级、维修或大修而停止运行，或处于待机模式或培训使用的降级完好状态。作为需求分析过程的一部分，应该向系统利益相关方询问此类情况，了解系统不必保持生存性的有限时期，是系统方案设计的重要因素。

在系统的概念/方案设计过程中，必须对作为生存性方法的许多附加项目给予考虑。生存性需要的不仅仅是技术解决方案，还需要技术因素、业务因素以及分析技术的综合协调（Redman et al.，2005，p. 187）。

高生存系统的有目的的设计需要专业知识。从事生存性工程的人员聚焦于将来自环境的外部干扰对系统能力的影响最小化，使其在受到攻击、发生意外故障或错误时仍能保持令人满意的运行能力。从概念上讲，设计人员可以通过解决以下三种事件来实现生存性（Westrum，2006）：

Ⅰ类事件——降低易感性：降低实际干扰可能影响系统的概率。

Ⅱ事件——降低易损性：降低系统或其利益相关方因实际干扰而直接导致的价值损失量。

Ⅲ类事件——提高恢复力或可恢复性：在发生实际干扰后，提高系统及时恢复服务的能力。

下面将讨论如何应用具体的设计原则来解决生存性事件的三个要素，进而增强系统生存性。三要素即易感性、易损性、可恢复性。

11.5.3 系统设计中的生存性

为了在系统设计过程中成功考虑易感性、脆弱性和可恢复性，需要对每个可生存性要素如何作为有目的设计元素加以考虑。有几种设计方法提出了解决系统生存性的框架，具体包括集成工程框架（Ellison et al.，1997）、生物网络架构（Nakano et al.，2007）。但是，最令人印象深刻的工作是 Mathew Richards 及其麻省理工学院的同事们（Richards et al.，2008，2009）所做的，他们专注于开发解决三个生存性元素的所有设计原理。表 11.7 给出了三个可生存性元素及其相关设计原理，当在系统设计过程中需要将生存性作为一个有目的的活动来加以处理时，可以应用这些要素和原理。

表 11.7　生存性要素及相关设计原理

生存性元素	设计原理	设计原则定义
易感性	预防	对未来或潜在未来干扰的抑制
	移动	为避免被外部变化要素探测到系统而重新定位
	隐匿	降低外部变化要素对系统的可见性
	遏制	阻止合理的外部因素制造混乱
	占先	抑制即将发生的混乱
	回避	远离不断发生的干扰

续表

生存性元素	设计原理	设计原则定义
脆弱性	硬度	系统抗变形能力
	冗余	复制关键系统功能以提高可靠性
	安全余量	为在损失情况下保持价值交付而允许的额外能力
	异质性	通过系统要素变化来减缓干扰
	分配	分离关键系统要素来减缓局部干扰
	故障模式减少	通过替代、简化、解耦和减少危险物等内在设计消除系统危险
	故障-安全	通过初期物理故障来预防或延迟退化
	进化性	改变系统元件以降低干扰效果
	隔离	故障传播隔离或最小化
恢复性	替换	替换系统要素提高价值交付
	修复	恢复系统以提高价值交付

通过聚焦生存性三个要素及其相关设计原理，设计团队即可提高基于基本原理处理系统方案的能力。在对既定设计原理理解的基础上，设计人员就能够在整个设计过程中拓宽备选方案范围。

总之，生存性特别关注能否成功完成系统基本服务，进而最终实现任务目标（Redman et al.，2005，p. 185）。作为一项非功能需求，生存性主要满足了在面临攻击或意外故障或错误时实现系统继续运行能力的需求。

11.6　可理解性、易用性、鲁棒性和生存性的评价方法

理解、度量和评价可理解性、易用性、鲁棒性和生存性等非功能需求的能力，是一种非常有价值的能力。具备测量和评价上述非功能需求的能力，也就能够提供对所设计系统中所有要素未来性能和续存能力的补充视角和见解。

基于前面几节对可理解性、易用性、鲁棒性和生存性的理解，以及上述要素在系统设计工作中的应用，即可开发一种度量技术。再次强调，由于上述非功能需求都是主观、定性的量度，因此与其他多数非功能需求的客观、定量量度不相同，针对此类需求制定令人满意的量度非常困难。为了理解如何进行主观的、定性的测量，首先对如何测量主观的、定性的对象进行回顾。

11.6.1 度量量表的开发

与其他定性非功能需求一样，为了评价可理解性、易用性、鲁棒性和生存性，在系统设计过程中，需要解决是否存在相关工作以及工作质量如何两大方面的问题。为了支持上述目标，将开发具有特定可测量属性的对象。建立上述量度非常重要，因为这类量度是现实世界中观察到的事物之间的联系，代表了与系统有关的经验事实，以及可理解性、易用性、鲁棒性和生存性等作为评价点的结构。

1）可理解性、易用性和鲁棒性的量表

正如在制定追溯性（第6章）、系统安全性（第8章）和可变性（第10章）等因素的量表过程中所讨论的，选择测量量表是制定适当量度的一个重要因素。由于选择的非功能需求没有自然原点或经验定义的距离，所以应该选择一个序数量表作为测量系统可理解性、易用性、鲁棒性、生存性的适当量表。为了确保提高可靠性，本章采用5个点Likert量表（Lissitz et al.，1975）。

2）建议量表

如前所述，量表是一种建议的比例尺。建议量表是由一些研究者提出的、具有必要属性的量表，如果确实证明具有此类属性，则可以视为量表（Cliff，1993，p.65）。在本章中，量表是指建议量表。

3）可理解性、易用性、鲁棒性和生存性的建议量表

确定了结构、量度属性和适当的量表类型，就可以着手构造可理解性、易用性、鲁棒性和生存性的量度。为了评价这几项要素，必须回答系统设计中有无开展旨在提供有效且有意义的可理解性、易用性、鲁棒性和生存性的工作，以及工作质量如何的问题。四项标准，即量度结构都有具体问题，如表11.8所示，可用于评价其重要程度。

表11.8中每个问题的答案应使用表11.9中的Likert量值进行评分。

表11.8 生存力的度量问题

量度结构	度量考虑因素
V_{under}	一个人能毫不费力地理解系统的任何部分吗
V_{use}	学习、解释和有效操作系统需要多大的努力程度
V_{robust}	是否具有在内部变化或环境引起波动的情况下保持所需特性的能力
V_{surviv}	是否能够在遭受攻击或意外故障或错误时继续保持运行

表 11.9　度量生存力的 Likert 量表

指　标	描 述 符	度 量 准 则
0.0	无	没有客观质量证据
0.5	有限的	存在有限的客观质量证据
1.0	名义的	存在名义的客观质量证据
1.5	广泛的	存在广泛的客观质量证据
2.0	大量的	存在大量的客观质量证据

式（11.1）中的 4 项之和，可作为系统设计中核心生存力的度量指标。

系统生存力的扩展公式：

$$V_{core}=V_{under}+V_{use}+V_{robust}+V_{surviv} \tag{11.1}$$

11.6.2　度量可理解性、易用性、鲁棒性和生存性

第 3 章末强调了衡量非功能属性的重要性。这里构建了将核心生存力与四个特定量度和可测量特性联系起来的结构，表 11.10 给出了度量核心生存力的四层结构。

表 11.10　度量核心续存性/生存力的四层结构

层　级	作　用
关注问题	系统生存力或存活力
属性	核心续存性的考虑因素
指标	可理解性、易用性、鲁棒性和生存性
可度量特征	可理解性（V_{under}）、易用性（V_{use}）、鲁棒性（V_{robust}）及生存性（V_{surviv}）之和

11.7　本章小结

本章讨论了核心生存力的四项非功能需求，即可理解性、易用性、鲁棒性和生存性，给出了正式的定义以及补充的解释性定义和概念，阐述了设计过程中有目的地考虑四项非功能需求的能力，最后还提出了一种形式化的度量方法和度量特性，通过度量可理解性、易用性、鲁棒性和生存性来对设计进行评价。

参考文献

Audi, R. (Ed.). (1999). *Cambridge dictionary of philosophy* (2nd ed.). New York: Cambridge University Press.

Bevan, N. (2001). International standards for HCI and usability. *International Journal of Human-Computer Studies, 55*(4), 533–552.

Blundell, J. K., Hines, M. L., & Stach, J. (1997). The measurement of software design quality. *Annals of Software Engineering, 4*(1), 235–255.

Boehm, B. W., Brown, J. R., & Lipow, M. (1976). Quantitative evaluation of software quality. In R. T. Yeh & C. V. Ramamoorthy (Eds.), *Proceedings of the 2nd International Conference on Software Engineering* (pp. 592–605). Los Alamitos, CA: IEEE Computer Society Press.

Bowen, T. P., Wigle, G. B., & Tsai, J. T. (1985). *Specification of software quality attributes: Software quality evaluation guidebook* (RADC-TR-85-37, Vol. III). Griffiss Air Force Base, NY: Rome Air Development Center.

Box, G. E. P., & Fung, C. A. (1993). Quality quandries: Is your robust design procedure robust? *Quality Engineering, 6*(3), 503–514.

Branscomb, L. M., & Thomas, J. C. (1984). Ease of use: A system design challenge. *IBM Systems Journal, 23*(3), 224–235.

Carlson, J. M., & Doyle, J. (2002). Complexity and robustness. *Proceedings of the National Academy of Sciences of the United States of America, 99*(3), 2538–2545.

Carroll, J. M., & Thomas, J. C. (1982). Metaphor and the cognitive representation of computing systems. *IEEE Transactions on Systems, Man and Cybernetics, 12*(2), 107–116.

Cavano, J. P., & McCall, J. A. (1978). A framework for the measurement of software quality. *SIGSOFT Software Engineering Notes, 3*(5), 133–139.

Clausing, D. P. (2004). Operating window: An engineering measure for robustness. *Technometrics, 46*(1), 25–29.

Cliff, N. (1993). What is and isn't measurement. In G. Keren & C. Lewis (Eds.), *A Handbook for Data Analysis in the Behavioral Sciences: Methodological Issues* (pp. 59–93). Hillsdale, NJ: Lawrence Erlbaum Associates.

Du, X., & Chen, W. (2000). Towards a better understanding of modeling feasibility robustness in engineering design. *Journal of Mechanical Design, 122*(4), 385–394.

Ellison, R., Fisher, D., Linger, R., Lipson, H., Longstaff, T., & Mead, N. (1997). *Survivable network systems: An emerging discipline (CMU/SEI-97-TR-013)*. Pittsburgh: Carnegie Mellon University.

Fricke, E., & Schulz, A. P. (2005). Design for changeability (DfC): Principles to enable changes in systems throughout their entire lifecycle. *Systems Engineering, 8*(4), 342–359.

Génova, G., Fuentes, J., Llorens, J., Hurtado, O., & Moreno, V. (2013). A framework to measure and improve the quality of textual requirements. *Requirements Engineering, 18*(1), 25–41.

Green, T. R. G., & Petre, M. (1996). Usability analysis of visual programming environments: A 'cognitive dimensions' framework. *Journal of Visual Languages & Computing, 7*(2), 131–174.

Hester, P. T., & Adams, K. M. (2014). *Systemic thinking—fundamentals for understanding problems and messes*. New York: Springer.

Houy, C., Fettke, P., & Loos, P. (2012). Understanding understandability of conceptual models—What are we actually talking about? In P. Atzeni, D. Cheung, & S. Ram (Eds.), *Conceptual modeling* (pp. 64–77). Berlin: Springer.

Huang, B., & Du, X. (2007). Analytical robustness assessment for robust design. *Structural and Multidisciplinary Optimization, 34*(2), 123–137.

Hwang, K. H., & Park, G. J. (2005). Development of a robust design process using a new robustness index. In *Proceedings of the ASME 2005 International Design Engineering Technical Conferences and Computers and Information in Engineering Conference* (Vol. 2: 31st Design Automation Conference, Parts A and B, pp. 231–241). New York: American Society of Mechanical Engineers.

IEEE, & ISO/IEC. (2010). IEEE and ISO/IEC Standard 24765: Systems and software engineering —Vocabulary. New York and Geneva: Institute of Electrical and Electronics Engineers and the International Organization for Standardization and the International Electrotechnical Commission.

ISO/IEC. (1991). ISO/IEC Standard 9126: Software product evaluation—Quality characteristics and guidelines for their use. Geneva: International Organization for Standardization and the International Electrotechnical Commission.

ISO/IEC. (2011). ISO/IEC Standard 25010: Systems and software engineering—Systems and software quality requirements and evaluation (SQuaRE)—System and software quality models. Geneva: International Organization for Standardization and the International Electrotechnical Commission.

Korczaka, E., & Levitin, G. (2007). Survivability of systems under multiple factor impact. *Reliability Engineering & System Safety, 92*(2), 269–274.

Kung, C. H. (1989). Conceptual modeling in the context of development. *IEEE Transactions on Software Engineering, 15*(10), 1176–1187.

Kung, C. H., & Solvberg, A. (1986). Activity modeling and behavior modeling of information systems. In T. W. Olle, H. G. Sol, & A. A. Verrijn-Stuart (Eds.), *Information system design methodologies: Improving the practice* (pp. 145–172). North Holland: Elsevier.

Lissitz, R. W., & Green, S. B. (1975). Effect of the number of scale points on reliability: A Monte Carlo approach. *Journal of Applied Psychology, 60*(1), 10–13.

Maxwell, K. (2001). The maturation of HCI: Moving beyond usability toward holistic interaction. In J. M. Carroll (Ed.), *Human-computer interaction in the new millennium* (pp. 191–209). New York: Addison-Wesley.

McCall, J. A., & Matsumoto, M. T. (1980). *Software quality measurement manual (RADC-TR-80-109-Vol-2)*. Griffiss Air Force Base, NY: Rome Air Development Center.

Mekdeci, B., Ross, A. M., Rhodes, D. H., & Hastings, D. E. (2011). Examining survivability of systems of systems. In *Proceedings of the 21st Annual International Symposium of the International Council on Systems Engineering* (Vol. 1, pp. 564–576). San Diego, CA: INCOSE-International Council on Systems Engineering.

Nakano, T., & Suda, T. (2007). Applying biological principles to designs of network services. *Applied Soft Computing, 7*(3), 870–878.

Nazir, M., & Khan, R. A. (2012). An empirical validation of understandability quantification model. *Procedia Technology, 4*, 772–777.

Nielsen, J. (1993). *Usability engineering*. Cambridge: Academic Press Professional.

Norman, D. A. (1999). Affordance, conventions, and design. *Interactions, 6*(3), 38–43.

Norman, D. A. (2013). *The design of everyday things* (Revised and expanded ed.). New York: Basic Books.

Ottensooser, A., Fekete, A., Reijers, H. A., Mendling, J., & Menictas, C. (2012). Making sense of business process descriptions: An experimental comparison of graphical and textual notations. *Journal of Systems and Software, 85*(3), 596–606.

Redman, J., Warren, M., & Hutchinson, W. (2005). System survivability: A critical security problem. *Information Management & Computer Security, 13*(3), 182–188.

Richards, M. G., Ross, A. M., Hastings, D. E., & Rhodes, D. H. (2008). Empirical validation of design principles for survivable system architecture. In *Proceedings of the 2nd Annual IEEE*

Systems Conference (pp. 1–8).

Richards, M. G., Ross, A. M., Hastings, D. E., & Rhodes, D. H. (2009). Survivability design principles for enhanced concept generation and evaluation. In *Proceedings of the 19th Annual INCOSE International Symposium* (Vol. 2, pp. 1055–1070). San Diego, CA: INCOSE-International Council on Systems Engineering.

Ross, A. M., Rhodes, D. H., & Hastings, D. E. (2008). Defining changeability: Reconciling flexibility, adaptability, scalability, modifiability, and robustness for maintaining system lifecycle value. *Systems Engineering, 11*(3), 246–262.

Schach, S. R. (2002). *Object-oriented and classical software engineering* (5th ed.). New York: McGraw-Hill.

Wagner, S. (2013). *Quality models software product quality control* (pp. 29–89). Berlin: Springer.

Westrum, R. (2006). A typology of resilience situations. In E. Hollnagel, D. D. Woods, & N. Leveson (Eds.), *Resilience engineering: Concepts and precepts* (pp. 55–65). Burlington: Ashgate.

Zhang, P., Carey, J., Te'eni, D., & Tremaine, M. (2005). Integrating human-computer interaction development into the systems development life cycle: A methodology. *Communications of the Association for Information Systems, 15*, 512–543.

第 12 章　准确性、正确性、效率和完整性

在系统寿命周期的设计阶段，系统和部件设计需要有目的的活动，以确保有效的设计和能生存的系统。设计师面临着大量的其他生存力问题，必须将其融入设计之中，从而确保系统保持生存。如果系统要继续为利益相关方提供所需的功能，那么保持生存的能力就至关重要。其他生存力问题包括准确性、正确性、效率和完整性等方面的非功能需求。目的明确的设计需要理解这些需求，以及应如何作为系统综合设计的一部分来度量和评价每一需求。

12.1　准确性、正确性、效率和完整性概述

本章讨论四个主要问题，即准确性、正确性、效率和完整性。这些主题都与设计工作中的其他生存力问题有关。12.2 节回顾了准确性定义以及与参考值、准确度和真实性相关的概念，讨论了如何将准确性作为有目的的系统设计的一个方面；12.3 节定义了正确性并说明了验证和确认活动应如何提供评价机会来确保正确性，还给出了四项设计原理，可支持系统开发，系统能体现设计团队正在处理的特定需求；12.4 节阐述了效率，给出了清晰的定义，建立了系统效率的指标，详细介绍了系统设计工作中评价效率的通用属性和方法；12.5 节对完整性及其作为系统设计非功能需求的基础进行了说明，提出了 33 项安全设计原理，以及开展了系统完整性设计的寿命周期阶段；12.6 节定义了度量这些生存力问题的指标和方法，推荐了核心生存力的量度，给出了准确性、正确性、效率和完整性的描述性结构。

本章提出了一个具体的学习目标和相关支撑目标。学习目标是能够理解其他生存力问题，并能确定准确性、正确性、效率和完整性等非功能需求如何影响系统设计，具体通过以下子目标支持实现：

（1）定义准确性；

（2）讨论在有目的的系统设计过程中如何实现准确性；

（3）定义正确性；

（4）描述如何验证和确认与正确性的关联性；

（5）描述可支持设计工作正确性的设计原理；

（6）定义效率；

（7）讨论如何使用资源作为系统设计工作效率的要素；

（8）定义完整性；

（9）讨论系统涉及工作中与完整性相关的33个安全设计原理；

（10）构建能将其他生存力关注问题与特定度量和可测量特性联系起来的结构；

（11）解释准确性、正确性、效率和完整性在系统设计中的重要性。

掌握以下内容可实现上述目标。

12.2 准　确　性

本节将讨论准确性的基础知识以及在系统开发过程中的应用。非功能需求中的准确性表面上看来非常容易理解，但这一常见的术语经常会发生使用错误的情况，并且经常被误认为精度。为了提高对准确性的理解并按预期使用该术语，这里将构建其通用定义及相关术语，并描述了相关文献中准确性的概念。要将准确性理解为系统设计工作的一个要素，这是重要的第一步。

12.2.1 准确性的定义

从系统工程的角度来看，准确性的定义为：对正确性或没有错误的定性评估；对误差大小的定量度量（IEEE et al.，2010，p.6）。

表12.1所示为准确性作为系统非功能需求使用时的其他定义形式，有助于更好地理解该术语。

表12.1　准确性的其他定义

定　义	来　源
对给定测量可能偏离真实程度的度量	Churchman et al.（1959，p.92）
准确性是测量结果本身的一个特征	De Bievre（2006，p.645）
表示测量结果和被测量值之间一致性的一种定性的性能特征	Menditto et al.（2007，p.46）
准确性的一般含义是一个值或一个统计量相对参考值的接近程度。更具体讲，它度量的是未知参数 θ 的估计值 T 与 θ 真值的接近程度。估计值的准确性可以通过 T 与 θ 的方差期望值来进行度量，即 $E[(T-\theta)^2]$。准确性不应与精度混淆，后者表示度量的精确程度，通常用小数点后的小数位数表示	Dodge（2008，pp.1-1）

续表

定　义	来　源
测量值与被测物真实量值之间的接近程度 注 1：测量准确性不是一个量值，也没有给出一个数值，如果测量误差较小，则称测量更准确 注 2：测量准确性不应用于测量真实性，测量精度也不应用于测量准确性，但是这两个概念相关 注 3：测量准确性有时被理解为被测量物的测量量值之间的一致性接近程度	JCGM（2012，p. 21）
反映测量结果与被测对象真实值的接近程度	Rabinovich（2013，p. 2）

上述通用定义对于每天从事测量活动的计量学家和科学家来说可能是足够的，但对于从事工程和设计活动的人员而言，如果需要在设计工作中将准确性作为有意义的非功能需求予以适当引用，还需要表 12. 1 中给出的补充定义。下一小节为准确性补充上下文语境，以形成一个通用含义。

12. 2. 2　测量中准确性

关于准确性的讨论必须放在上下文语境中进行考虑。阐述准确性的上下文语境是指测试及其相关要素，包括测量方法和更宽泛的测量过程。

1）测量方法

测量方法由一种规定或书面程序组成，相关人员可以按照该程序对某些物理材料的特性进行测量（Murphy，1969，p. 357）。测量或测试方法是系统设计中规定的正式要素。

2）测量过程

测量过程包括许多要素，如测量方法、制度系统、重复、控制能力（Murphy，1969，p. 357）。测量过程就是如何来实现测量方法。制度系统包括执行测试所需的资源，即材料、测试人员、仪器、测试环境和特定时间。控制概念是一个重要的因素。如果测试作为正式测量过程的一部分，则必须能够进行统计控制，如果没有统计控制，该过程就不能使用常规统计方法来讨论准确性和精确性。

3）准确性作为一个定性的性能特征

所有测量和测试都是针对参考水平或目标值进行的。目标值通常要么确定为材料的特性，要么确定为系统部件的物理特性。目标值是一个设计值，在进行测试时将根据该值进行测量。准确性意味着实际测量的、长期运行的平均值与目标值之间的一致性。准确性是一种定性的性能特性，表示测量结果和被测量值之间的接近程度（Menditto et al.，2007）。作为测量的一种定性性能特性，准确性包含精度和真实度。

4）准确性：精度和真实度

准确性由精度和真实度进行描述，相关定义如下：

（1）精度。在指定条件下，对相同或类似对象进行重复测量获得的指标与测量值之间的一致性（JCGM，2012，p. 22）。

（2）真实度。无限多个重复测量值的平均值与参考值之间的接近程度（JCGM，2012，p. 21）。

图 12.1 所示为如何使用精度和真实度来描述测量环境的准确性。从图 12.1 中的描述和基本统计知识可以看出，标准差是一个精度指标（Murphy，1969，p. 360）。摩托罗拉公司推广的六西格玛（6σ）过程改进概念（Hahn et al.，1999），具有六倍标准差（6σ）的精度，意味着过程为受控过程，具有微小的拒收率，即 0.00034%，则接受率为 99.99966%。

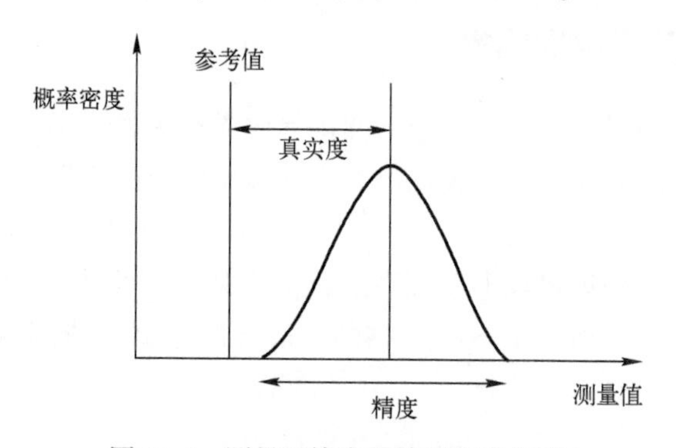

图 12.1　测量环境中的精度和真实度

5）准确性、精度、真实度和误差

在测量和测试过程中出现的误差类型与由准确性、精度和真实度表示的相关性能特性之间存在一定的关系。

真实度误差：测量过程中的平均值和参考值之间的差异，并可用称之为偏差的定量值表示。

精度误差：对平均值有贡献，且存在于某些精度指标内的测量值是由随机误差引起的，并且可用称之为标准差的定量值来表示。

准确性误差：测量过程中的总误差，可归因于系统误差和随机误差，表示为测量的不确定度。

这些类型的误差、性能特性和定量表达之间的关系如图 12.2 所示。必须认识到，测量中的准确性是一个表示测量不确定度的参数，或者更准确地说是可合理归因于被测对象的测量值的离散度（Menditto et al.，2007，p.46）。

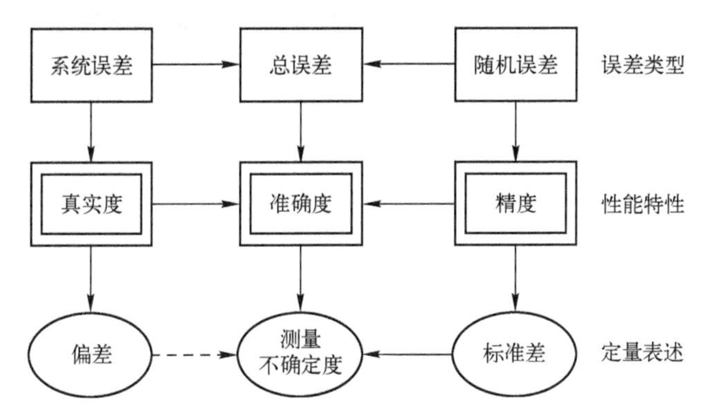

图 12.2　误差类型、性能特性与定量表述之间的关系

测量不确定度，可更准确地表达为对任何测量结果的轻微怀疑。因此，准确性的可疑含义（与真值相关的可疑）可以由一个实际的含义来取代，即测量不确定度（De Bievre，2006，p.645）。

最后，值得注意的一点是，测量过程的精度与重复性和再现性有关。重复性指的是同一测试人员在短时间内对测量方法进行重复，而再现性则是指采用相同测量方法、由不同测试人员组进行测量。

12.2.3　系统设计中的准确性

本节将明确系统寿命周期的设计阶段所完成的具体任务和活动，这是准确性作为性能规范的一项要素所要求的。准确性是一项重要的非功能需求，其对象包括效能度量（MOE）、性能度量（MOP）和技术性能度量（TPM）。准确性是决定系统性能要求的一个因素，IEEE 1220 标准—系统工程过程应用和管理（IEEE，2005）特别在以下方面进行了阐述。

1）概念设计阶段考虑精确性的活动

IEEE 1220 标准（IEEE，2005）5.1.1.3 节要求：

要明确每个产品的子系统，定义子系统之间的设计和功能接口需求以及相应的性能要求和设计约束。系统产品功能和性能要求应在子系统之间进行分配，目的是确保从系统产品到各子系统，以及从子系统到其上层所属产品的需求都具有追溯性（IEEE，2005，pp.21-22）。

设计团队开发顶层性能度量，并将其作为效能度量（MOE）。效能度量的定义为：判断解决方案能满足问题所要求能力的标准。标准是任何潜在解决方案都必须在某种程度上表现出来的具体特性。效能度量与任何解决方案无关，也不规定准则的性能（Sproles，2001，p. 146）。

效能度量（MOE）具有两个关键特性：一是被测试的能力；二是以某种方式进行量化。例如，如果一个团队的任务是设计电动汽车，则一个有效的效能度量（MOE）可以表述为：电动汽车必须能够满载从弗吉尼亚州诺福克行驶到华盛顿特区，并且其间无须充电。该 MOE 显然是可以度量和量化的。MOE 通常由较低层的支持性 MOP 层次结构来支持。

2）初步设计阶段考虑精确性的活动

IEEE 1220 标准（IEEE，2005）5. 2. 1. 1 节要求：

子系统性能需求应在组件之间进行分配，目的是确保从子系统到适当组件，以及从组件到子系统的需求都具有追溯性（IEEE，2005，p. 25）。

IEEE 1220 标准（IEEE，2005）5. 2. 1. 2 节要求：

组件性能需求应在部件之间进行分配，目的是确保从组件到其各部件，以及从部件到其所属组件的需求都具有可追溯性（IEEE，2005，p. 25）。

设计团队开发中间层性能度量，并将其作为性能度量（MOP）。MOP 的定义为：性能要求描述了为满足效能度量（MOE），功能要求必须执行得有多好。这些性能要求是在功能分解分析过程中分配给子功能的 MOP，也是对设计综合所导出的设计解决方案进行评价的准则。每个效能度量（MOE）通常会有多项 MOP，这构成了可接受的性能包线（IEEE，2005，p. 41）。

还是电动汽车开发的例子，在早期概念设计阶段确定的 MOE 类型可以清晰追溯到电动汽车的性能要求。例中，MOE 要求电动汽车必须能够满载从弗吉尼亚州诺福克行驶到华盛顿特区，并且其间无须充电。为了支持这一要求，可以规划多个 MOP，其中一个支持性 MOP 是：车辆续航里程必须等于或大于 250 英里（1 英里 = 1. 609km）。这就确立了一个比从弗吉尼亚州诺福克到华盛顿特区之间距离更精确的要求。MOP 由多项具体的技术性能度量（TPM）来支撑。

3）详细设计阶段考虑准确性的活动

IEEE 1220 标准（IEEE，2005）5. 3. 4. 1 节要求：

在详细设计阶段结束时，应完成每个部件的审查。审查的目的是确保每个详细的部件定义足够成熟，能满足效能度量（MOE）/性能度量（MOE）的标准（IEEE，2005，p. 31）。

IEEE 1220 标准（IEEE，2005）6. 1. 13 节要求：

确定技术性能指标，这是系统性能的关键指标。技术性能指标（TPM）

的选择通常取决于那些关键的 MOP，如果不能满足这些 MOP，就会使项目面临成本、进度或绩效方面的风险。具体的 TPM 活动要综合到系统工程总计划中，目的是定期确定实现情况，并根据计划的价值剖面来衡量进展情况（IEEE，2005，p. 42）。

设计团队要为所有与系统需求相关的 MOP 定义详细的技术性能指标（TPM）。TPM 本质上是定量的，直接源于并支持中间层的 MOP。TPM 可用于评估系统需求与分解结构（RBS）中的需求的一致性情况，并有助于监督和跟踪技术风险。

前面例子中，MOE 要求电动汽车必须能够满载从弗吉尼亚州诺福克行驶到华盛顿特区，并且其间无须充电。为了支持该要求，一项 MOP 是：车辆续航里程必须等于或大于 250 英里。这确立了一个比从弗吉尼亚州诺福克到华盛顿特区之间距离更精确的要求。为了支持该 MOP，需要使用一系列具体的技术性能指标（TPM）。本例中的 TPM 可包括以下性能指标：电池容量、车辆重量、阻力、动力传动系摩擦等。上述每项技术性能指标都必须具有测量准确性，这就要求对每项测量的参考值、精确度和真实性进行规定。

总之，准确性是一种有目的的设计功能，能使用户在整个系统寿命周期中以最小成本来理解系统。下一节将聚焦正确性这一非功能需求。

12.3 正　确　性

本节将回顾正确性的基础知识以及其在系统开发过程中的应用方法。与许多其他非功能需求一样，正确性听起来是一个非常清晰的概念，但对于在系统设计工作的需求讨论中使用正确性，并获得一个共同的定义和理解还是存在疑问的。花一分钟的时间回顾系统工程或软件工程文本的索引，并查找“正确性”这个词。几乎所有主要文献都不涉及这个概念，出现上述情况也就不足为奇了。因此，必须仔细研究正确性及其特性，为系统设计过程中的学习和应用提供一个通用基础。

12.3.1 正确性的定义

从系统工程的角度来看，正确性定义为：系统或部件在其规范、设计和实施中无错误或失误的程度（IEEE et al.，2010，p. 81）。

表 12.2 列出了现有文献中关于正确性的其他定义，可帮助进一步理解该术语。

表 12.2 正确性的其他定义

定义	来源
程序满足规范并能完成用户任务目标的程度	Cavano et al.（1978，p. 136）
程序满足规范并完成用户任务目标的程度	McCall et al.（1980，p. 12）
符合设计需求的程度	Bowen et al.（1985，pp. 2-1）
程序满足规范；满足用户期望；无错误	Blundell et al.（1997，p. 236）

根据上述定义，正确性就是系统满足其规定设计要求的程度。在确定基本定义之后，下面将讨论在系统设计过程中如何评价正确性。

12.3.2 系统设计中评价正确性

基于正确性的定义，即系统满足其规定设计要求的程度，这听起来似乎很像在整个系统寿命周期中对执行验证（verification）和确认（validation）活动的过程要求。因此，首先对验证与确认的定义进行讨论。

1）验证

验证的三个定义如表 12.3 所示。

表 12.3 验证的定义

定义	来源
评价系统或部件的过程，目的是确定给定开发阶段的产品是否满足该阶段开始时所规定的条件	IEEE（2012，p. 9）
通过提供客观证据，确认规定要求已得到满足	IEEE et al.（2008，p. 8）
通过检查和提供客观证据的方式，确认最终产品的制造、编码或装配已满足规定要求	ANSI/EIA（1998，p. 64）

根据表 12.3 中的定义，验证要求已得到满足。在所有设计阶段和建造/构造阶段，对给定过程或活动的结果进行检查，确定其是否符合规定的要求。在设计阶段，主要指符合功能、技术或接口要求；在建造/构造阶段，可能包括与特定物理或运行/使用参数相关的一致性，如长度、电压、电阻、强度等。

2）确认

确认的三个定义如表 12.4 所示。

根据表 12.4 中的定义，确认关注系统的预期最终用途得到满足。

表 12.4 确认的定义

定　义	来　源
在开发过程中或在开发过程结束时，评估系统或组件，以确定其是否满足指定要求的过程	IEEE (2012, p.9)
通过提供客观证据，确认规定要求已得到满足	IEEE et al. (2008, p.8)
通过检查和提供客观证据的方式，来确认（开发或购买的）最终产品或最终产品集合的特定预期用途能够在预期使用环境中完成	ANSI/EIA (1998, p.64)

对许多人来说，根据表 12.3 和表 12.4 中的正式定义，很难区分“验证”与“确认”之间的区别，也很难区分两者活动之间的区别。因此，采用以下术语定义更易于理解：

确认——系统是否能够做正确的工作？关注点是确保设计或构造的系统在做所期望的事情。

验证——系统是否能正确工作？关注点是确保设计或建造项目符合规定的要求。

确保系统的需求捕获利益相关方意图的活动称为确认，而确保系统满足其规定需求的活动则称为验证。换言之，确认是将系统需求与意图联系起来的活动，而验证则是将系统需求与实际设计及其实现联系起来的活动。下面介绍设计人员应如何有目的地将正确性作为设计过程的一部分。

12.3.3 在系统设计中确保正确性的方法

现在已经建立了正确性、验证与确认的定义，也形成了对设计工作中分析正确性的活动的理解，接着讨论设计人员应如何在设计活动中确保正确性。

系统设计活动必须满足系统的规定要求。设计正确性意味着设计是充分的。充分的设计指能够充分地融入系统公理设计理论之中（Adams et al., 2014)。这是通过将设计公理的支持性原理集成到设计团队所用的设计规则中来实现的。下面分别讨论设计公理的四个支持性原理。

1) *必要简约原理*

必要简约原理指出，人类一次只能同时处理 5~9 个观察结果，这基于乔治·米勒（George Miller）的开创性论文《神奇的数字七加减二：对我们处理信息能力的限制》(1956)。Miller 在实证研究的基础上提出了三点看法。

（1）注意力范围。实验表明，当超过七个事物时，受试者可能出现估计的情况，当少于 7 个事物时，则出现直观感觉的情况，分界点就是 7。

（2）即时记忆范围。Miller 报告了这样一个事实：对于受试者，即时记忆范围大约也是 7 个项目。

(3) 绝对判断范围。这是基于准确性的一个明确界限，我们可以用它来进行绝对定义，也是 7 左右。

诺贝尔奖获得者 Herbert A. Simon（1916—2001 年）在 Miller 工作的基础上发表了一篇论文（Simon，1974），该论文质疑了 Miller 在记忆中所用的对象的模糊性，这篇论文是一份有益的补充。在系统设计过程中使用必要简约原理是非常明确的。

无论模型、设计或计划有多复杂，我们都应该避免让人们同时接受 9 个以上的概念，而且应作为一种惯例，即尽量使用较少的概念。在系统工程中应该使用简约原理，以确保我们在设计系统时使用的人工制品和方法不会从本质上强迫人们做出超出其短期认知能力的判断（Adams，2011，p. 149）。

概念化、设计或实现含 9 个以上要素的想法的能力，会影响人类正常的记忆和回忆。设计产品、系统层次结构和组织，应采用小于 9 的认知结构。这种简约能够提高概念形成、设计和实现正确系统的能力。

2) 必要显著原理

经济学家 Kenneth Boulding（1910—1993 年）指出了智力生产力低下的三个原因（1966）：

(1) 虚假卓越，强调错误的事情超出了其可信任范围。

(2) 徒劳模仿，行为表现得像帮助创造而不是解决问题。

(3) 文化滞后，不迅速运用已建立的知识。

Boulding 对设计的影响在于，并非所有的设计要素都具有相同的重要性。

设计过程必须包含具体的规范，目的是揭示设计情境中因素的相对显著性以及能够表征目标的因素，这样才能形成将设计因素置于适当视角所需要的理解（Warfield，1999，p. 34）。

设计团队必须做出许多决策，其中某些设计要素具有较高的优先级。必要显著性对设计团队具有特别重要的意义，因为在进行权衡分析、解决问题并将数据和信息处理为知识时，必要显著性提供了做出合理决策的手段。因此，所有的设计过程都必须包括一个明确的规定，以揭示系统中所有因素的相对显著性，并作为整个系统设计的关键要素（Adams，2011，p. 149）。

3) 最少关键规范

现代社会-技术系统设计之父 Albert Cherns 在职业生涯的大部分时间都在强调必须将设计过程的范围限制在所需的范围内，不多也不少。如果不以这种方式限制设计过程，就会产生诸如镀铜和抛光炮弹之类的浪费，这意味着物体或系统的设计过于夸张，并且会包含系统利益相关方从未设想过的元素。

Cherns 的最少关键规范原理认为：这一原理有负向和正向两个方面，负向的方面要求规定/规范不应多于绝对必要；正向的方面则要求明确哪些是必需的（Cherns，1987，p. 155）。

这一原理的基本用途是尽可能少地进行设计，只规定什么是必须具有的。但是，所有的设计都需要冗余来实现本书所描述的诸多非功能需求，设计成为所有系统需求和分配给实现设计的资源（即主要是财务资源）之间的平衡。Cherns 对设计团队在设计过程中过早关注潜在解决方案的趋势表示担忧，有可能导致在团队能够合理评价所有备选方案之前就关闭了选项。

过早关闭选项是设计中一个普遍存在的错误。出现这种现象不仅是因为设计师有减少不确定性的意图，还因为它能帮助设计师按自己的方式行事。我们较少依据最终设计的质量来衡量成功和效能，更多的是依据融入设计的思想和偏好的数量（Cherns，1987，p. 155）。

根据已知需求来对设计规范进行平衡的能力，通常是系统不完整知识的函数（如黑盒原理），只有在分析过程中完善对系统的理解之后，这种能力才会有所提高。

随着围绕设计的背景或环境要素获得更好的定义，计划通过规范来实现的任何效果均会变得过时，而且通常很快就会过时。在许多情况下，早期的过度规范会对设计团队适应环境变化的能力产生严重影响（Adams，2011，p. 150）。

4）帕累托原理

帕累托原理是根据 19 世纪意大利经济学家维尔弗雷多·帕累托（Vilfredo Pareto）的名字命名的，他注意到在意大利大约 80%的财富掌握在 20%的人口手中。从那时起，各种社会学、经济和政治现象都显示出相同的模式。著名的统计质量控制专家 Joseph M. Juran 认为帕累托原理具有重要意义。帕累托原理有时被称为"二八定律"（Sanders，1987，p. 37）。

帕累托原理指出，在任何大型复杂系统中，80%的输出只由 20%的系统产生。由此推论，20%的成果消耗了 80%的资源或生产力（Adams，2011，p. 147）。

可以在设计过程中利用这一相当简单的原理，即某些系统层的需求会比其他需求消耗更多的设计资源（例如时间、人力、方法等）。类似地，系统的部分要素或部件可能比其他要素或部件消耗更多的能量、需要更多的信息、要处理更多的数据或发生故障更频繁。通过应用帕累托原理，设计团队能够更好地理解系统及其组成要素之间的关系。

12.3.4 正确性小结

总之，有许多方法和技术可供系统设计人员使用，它们能为工程实现一个正确体现规定需求的系统提供支持。表 12.5 给出了系统的理论设计公理（Adams et al.，2014）中的四个支持原理，可作为具体设计规则并由设计团队实施，有助于确保设计正确。在设计阶段完成特定任务和活动时，验证和确认活动应通过与系统规定需求进行比较的方式来确保系统设计是令人满意的。系统设计人员必须阐明本节讨论的所有因素，确保要求的正确性能作为有目的设计的一部分。下一节将讨论系统效率。

表 12.5 支持正确性的设计原理

设计原理	说　明	来　源
必要简约原理	7个（正负两个）项目超出了人类的短期记忆能力	Miller（1956），Simon（1974）
必要显著原理	系统设计需要考虑的因素很少是同等重要的。相反，每个系统设计中都有一个潜在的逻辑有待发现，该逻辑能够揭示这些因素的显著性	Boulding（1966），Warfield（1999）
最少关键规范原理	这一原理有负向和正向两个方面。负向方面要求规定要求不应多于绝对必要；正向方面则要求明确什么是必需的	Cherns（1976，1987）
帕累托原理	80%的目标或成果是由20%的手段实现的	Bresciani - Turroni（1937），Creedy（1977），Sanders（1987）

12.4 效　率

本节对效率这一非功能需求作为系统设计过程中的考虑因素进行讨论。效率是一个与系统性能密切相关的需求。效率和生产率一样，是衡量系统性能的主要指标，包括经济和生产两个方面。由于效率是一个非常重要的持续生存问题，下面将讨论这一需求的正式定义和应用方式，以及在系统设计过程中应如何处理这一需求。

12.4.1 效率的定义

从系统工程的角度来看，效率的定义为：系统或部件以最小资源消耗执行分配功能的程度；以最少的额外或多余的努力产生结果（IEEE et al.，2010，p. 120）。

表 12.6 列出了现有文献中关于效率的其他定义，可以进一步帮助理解该术语。

表 12.6　效率的其他定义

定　义	来　源
在不浪费资源的情况下能够实现目的的程度	Boehm et al.（1976，p. 604）
程序执行某项功能所需的计算资源和代码量	Cavano et al.（1978，p. 136）
软件性能（速度、存储）不符合要求，根据为满足性能要求而修改软件所需的工作量来确定等级	McCall et al.（1980，p. 28）
效率是一个基于物理和工程科学的概念，考虑投入和产出之间的关系	Szilagyi（1984，p. 30）
效率是衡量生产具体结果（如零件或产品）的有效产量的一种指标	Del Mar（1985，p. 128）
效率与资源利用率有关。根据资源的实际利用率和利用率的预算分配对效率评级。例如，如果一个单元预算为 10%的可用内存，而实际使用了 7%，则利用评价公式得到的效率级别为 0.3(1-0.07/0.10=0.3)	Bowen et al.（1985，p. 3-5）
第一个层次是物理效率，表示为输出除以输入，输入单位为热量、千瓦和尺-磅（功）；第二个层次是经济效率，一般使用经济单位的产出除以经济单位的投入来表示，投入和产出都使用货币等交换媒介来表示	Thuesen et al.（1989，p. 6）
效率就是把事情做好的能力，而不是把事情做对的能力	Drucker（2001，p. 192）

根据上述定义，效率是衡量一个系统对资源的利用率。需要注意的是，资源包括六个类别，可以使用 M5I 来表示，即材料、人力、经费、时间、方法和信息。形成完整的定义后，开始围绕系统设计过程中如何应用效率及其思想、如何将其作为一个有目的的要素进行讨论。

12.4.2　在设计中解决系统效率问题

本小节给出系统效率的代用指标及一个详细的通用属性，可用于在系统设计工作中对效率进行评价。

1）工程中的系统效率

从工程的角度来看，通常将效率视为一种性能特性，即根据输入评价输出。工程师必须关注两个层次的效率，即物理效率和经济效率（Thuesen et al.，1989，p. 6），两者可通过式（12.1）和式（12.2）中的简单关系联系起来。

物理效率（Thuesen et al.，1989，p.6）：

$$E_p = \frac{输出}{输入} \tag{12.1}$$

经济效率（Thuesen and Fabrycky，1989，p.6）

$$E_e = \frac{价值}{成本} \tag{12.2}$$

从工程设计团队的角度来看效率问题，很明显他们需要使用与现有问题相关的设计原理来明确阐述效率问题。设计团队应开发启发、类比和隐喻，并在一系列设计选项的开发和评价过程中加以运用。

一般利用设计问题的特征来主动寻找和利用适当的类比和隐喻，目的是产生新的选择，促进并简化系统架构确立和实现。此后，可利用适当的量度来评价备选设计选项，如有效性、鲁棒性、效率、可预测性和易用性等。效能的代用特性有易用性/可操作性及感知的效用，鲁棒性的代用特性涉及物理和功能冗余，效率的代用特性则涉及完成任务的步骤数和资源利用（Madni，2012，p.352）。

效率的代用特性，即完成任务的步骤数和资源利用，是在系统中评价效率的有效方法。系统专家 Russell Ackoff 也将效率与资源（M5I）相关联，并指出：信息、知识和理解使我们能够提高效率，而不是效能。行为或行动的效率是相对于目标来进行度量的，也即确定以规定概率完成目标所需要的资源数量，或以规定数量的资源实现目标的概率（Ackoff，1999，p.171）。

在一个正式定义的工程设计过程中，定义清晰且有序的过程，其执行要比定义不清、组织混乱的过程需要较少的精力。定义不清、组织混乱的过程不能高效利用资源，而且最终导致将精力转向探索新的途径，进而造成浪费精力，降低效率（Colbert，2004，p.353）。基于上述分析，资源效率可作为系统设计效率的有效代用特性。

2）在系统设计工作中评价效率

1999 年，电子工业协会（EIA）发布了临时标准 EIA 731-1《系统工程能力模型 SECM》（EIA，1999）。SECM 是以前广泛使用的两个系统工程模型的综合，即系统工程能力成熟度模型和系统工程能力评估模型。电子工业协会完成了这项工作，并于 1999 年 1 月发布了系统工程能力模型 1.0 版作为临时标准。该标准文本随后用作发展 CMMI^{SM} 的主要系统工程源文档（Minnich，2002，p.62）。

系统工程能力模型包含了有用性和费效的一般属性。效费的通用属性定义为所获收益与所投入资源相比有所值的程度。通过使用中间参数、资源效率，可确定效费（Wells et al.，2003，p. 304）。效费的通用属性是衡量设计过程效率的一种有用量度。资源效率计算式定义为产生结果所需实际资源与基准标准的比值，如式（12.3）所示。

资源效率：

$$E_r = \frac{\text{实际资源}}{\text{基准标准}} \tag{12.3}$$

如表 12.7 所示（Wells et al.，2003），可以使用五点 Likert 量表来评价效率。

表 12.7　资源效率 Likert 量表（Wells et al.，2003，Table Ⅱ）

指标	描述符	测量准则
0.0	E-- （E minus，minus）	产生工作产品或结果所需的资源超过了预期（基准）值的 50%以上
0.5	E- （E minus）	产生工作产品或结果所需的资源比预期（基准）值多 5%~50%
1.0	E	产生工作产品或结果所需的资源在预期（基准）值 5%的变化以内
1.5	E+ （E plus）	产生工作产品或结果所需的资源比预期（基准）值少 5%~50%
2.0	E++ （E plus，plus）	产生工作产品或结果所需的资源比预期（基准）值少 50%以上

下一节将讨论在系统设计过程中应如何解决完整性问题。

12.5　完　整　性

本节对系统完整性的基础知识以及如何在系统工作中将完整性作为一项非功能需求进行了回顾。在讨论系统需求时，我们很少使用“完整性”这个术语，因此需要对完整性的正式系统定义以及相关文献中的部分定义进行回顾。通过在系统设计过程中使用该术语可加深对通用含义的理解。

12.5.1　完整性的定义

从系统工程的角度来看，完整性定义为：系统或部件能够阻止对计算机程序或数据未经授权访问或修改的程度（IEEE and ISO/IEC，2010，p. 181）。

完整性的其他定义可参阅相关文献，具体见表 12.8。这些定义都可以用来更好地理解作为系统非功能需求的完整性。

分析表 12.8 中的定义，很明显，完整性的定义随时间的推移有了新的含义。根据上述变化和解释，系统的完整性可以认为是系统确保程序正确性、互不干扰以及信息保证的能力。完整性关注的是信息修改而不是信息披露或可用性，也就是说完整性不同于保密或拒绝服务。

表 12.8　完整性的其他定义

定　义	来　源
信息有效性的维护	Biba (1975, p. 55)
确保仅以批准的方式更改数据	Jacob (1991, p. 90)
关注信息或过程的不当修改	Sandhu et al. (1993, p. 482)
如果满足对象在事实形成之前所确定的预期，它就具有完整性	Courtney et al. (1994, p. 208)
关注信息的不当修改，就像保密关注不当披露一样。修改包括插入新信息和删除现有信息，以及对现有信息的更改	Sandhu et al. (1994, p. 617)
系统避免由于出现错误而引起不必要改变的能力	Bowen et al. (1998, p. 661)
可信性的一个属性，定义为不存在不当变更的可信性特性。完整性的另一种解释是系统提供了外部一致性，即数据对象与真实世界之间的正确对应	Foley (2003, pp. 37-38)
防止未经授权修改信息；防止因系统故障或用户错误而导致非故意的修改信息	Georg et al. (2003, p. 42)
完整性与保密性有一个重要的区别：计算系统可以在没有任何外部交互的情况下，仅仅是因为计算数据不正确就损坏完整性。完整性的有力实施需要证明程序的正确性	Sabelfeld et al. (2003, p. 7)
程序正确性、互不干扰以及数据不变的情况，有以下分类： 1. 程序正确性，程序输出是精确的、准确的、有意义的和正确的 2. 互不干扰，数据或过程仅由授权人员直接或间接地通过信息流进行修改 3. 数据不变，数据是精确的或准确的、一致的、未修改的，或者在程序执行时仅以可接受的方式修改	Li et al. (2003, p. 48)
对防止故意或无意破坏数据完整性（数据未经授权不被修改的属性）或系统完整性（系统以免受影响、免受未授权操纵方式执行其预期功能）提出要求的安全目标	Stoneburner et al. (2004, pp. A-2)

12.5.2　完整性的原理

为了保持生存活力，系统必须始终保持完整性。系统利益相关方必须高度信任其系统及其相关数据和信息是正确的（即精确、准确且有意义）、有效的（仅由授权用户创建、修改和删除）和不变的（即一致和未修改）。

美国国家标准与技术研究所（NIST）发布了《信息技术安全工程原理》

(Stoneburner et al.，2004)，将系统安全定义为：无论是无意的还是故意的，系统能以不受影响、不发生未授权系统操作的方式执行预期功能所具有的质量(pp. A-4)。在系统寿命周期的工程阶段，设计团队的任务是确保系统设计包括所有需求和方法，从而确保充分的系统完整性。在系统设计过程中，有 33 条安全原理可用于增强系统完整性。下一节将讨论如何将此类安全原理应用到完整性实现中，并作为系统设计过程的一个有目的的要素。

12.5.3　系统设计中的完整性

为了能成功将系统完整性的所有考虑因素结合起来，可将六类与安全相关的设计原理作为一个有目的的系统设计要素来进行处理。表 12.9 给出了六类、33 项安全设计原理以及应用此类原理的五个主要系统寿命周期阶段。系统寿命周期的主要阶段包括概念设计（C）、设计与建造（D&C）、测试与评估(T&E)、使用与维修（O&M）、报废与处置（R&D）。

表 12.9　设计类别、设计原理和寿命周期阶段

设计类别	设 计 原 理	C	D&C	T&E	O&M	R&D
安全基础	1. 建立健全的安全政策作为设计的基础	√	√	√	√	√
	2. 将安全性作为整个系统设计的一个有机组成部分	√	√	√	√	√
	3. 明确划定由相关安全策略控制的物理和逻辑安全边界	√	√	√	√	
	4. 确保开发人员受过如何开发安全软件的培训	√	√	√		
基于风险的	5. 将风险降低到可接受水平	√	√	√	√	√
	6. 假设外部系统是不安全的	√	√	√	√	√
	7. 明确在降低风险与成本增加以及使用效能下降之间的潜在权衡	√	√		√	
	8. 实施定制的系统安全措施来满足组织安全目标	√	√	√	√	√
	9. 在处理、传输和存储过程中保护信息	√	√	√	√	√
	10. 考虑定制产品实现充分的安全性	√	√	√	√	
	11. 保护免受所有可能类型的攻击	√	√	√	√	√
易于使用	12. 在可能的情况下，安全性要以可移植性和互操作性开放标准为基础	√	√	√		
	13. 使用通用语言开发安全需求	√	√		√	
	14. 设计安全性，允许定期采用新技术，包括安全且合理的技术升级		√	√	√	
	15. 力求操作简单易用	√	√	√	√	

续表

设计类别	设计原理	C	D&C	T&E	O&M	R&D
增强弹性	16. 实现分层的安全，确保没有单点漏洞	√	√	√	√	√
	17. 设计和操作 IT 系统来限制损坏并可恢复	√	√		√	
	18. 确保系统在面对预期威胁时具有并将继续具有弹性	√	√	√	√	√
	19. 限制或遏制漏洞		√	√	√	
	20. 将公共访问系统与任务关键资源隔离开，如数据、流程等	√	√	√	√	
	21. 采用边界机制将计算系统和网络基础设施加以分离		√	√	√	
	22. 设计和实施审核机制，检测未经授权的使用和支持意外事件调查	√	√	√	√	
	23. 制定和实施应急或灾难恢复程序，确保适当的可用性	√	√	√	√	
减少漏洞	24. 力求简单	√	√	√	√	
	25. 授信系统要素最小化	√	√	√	√	
	26. 实现最小特权	√	√	√	√	
	27. 不实施非必要的安全机制	√	√	√	√	√
	28. 确保系统关闭或报废时的适当安全		√		√	√
	29. 识别并防止常见错误和漏洞		√	√	√	
基于网络的设计	30. 通过物理和逻辑上分布的措施组合来实现安全性	√	√	√	√	√
	31. 制定安全措施解决多个信息域重叠的问题	√	√	√	√	
	32. 对用户和进程进行身份验证，确保在领域内和领域之间做出适当的访问控制决策	√	√	√	√	
	33. 使用特有身份来确保追溯	√	√	√	√	

美国国家标准与技术研究所（NIST）的专门出版物 800-27《信息技术安全工程原理》（Stoneburner et al.，2004）对 33 项安全原理进行了讨论。

通过在时态设计阶段关注适当安全原则的方式，系统设计人员应确保将完整性考虑因素作为系统设计的一个有目的的元素来应用。在理解 33 条安全原理的基础上，设计人员就能够在适当的设计阶段中创建出能够满足系统完整性要求的设计。采用这种方法，可将完整性融入设计之中。

总之，ISO/IEC 17799 标准《信息技术—安全技术—信息安全管理实施方法》（ISO/IEC，2000）指出，完整性是保护公司信息资产以及保密性和可用性的三大核心支柱之一（Flowerday et al.，2005，p. 606）。完整性尤其关注于系统所含信息的机密性和完整性。下一小节将讨论如何度量和评价准确性、正确性、效率和完整性等非功能需求。

12.6 准确性、正确性、效率和完整性的评价方法

理解、度量并评价系统需求中的准确性、正确性、效率和完整性等非功能需求的能力是一种非常重要的系统设计要素。具备了度量和评价各非功能需求的能力，就能够在设计中对系统所有要素的未来性能和生存能力提供更多的视角和见解。

基于对准确性、正确性、效率和完整性的基本理解，以及在系统设计工作中的应用方式，就可以开始讨论其度量问题。如其他章节所述，度量具有挑战性，因为这类非功能需求都是主观定性的量度，与客观定量的度量具有很大的不同。现在的问题是，如何实现一个主观定性的度量。

12.6.1 度量量表的开发

与其他定性非功能需求一样，为了能令人满意地评价准确性、正确性、效率和完整性，还是要回答在系统设计过程有无每项非功能需求的相关工作以及工作质量如何的问题。为了支持这一目标，要开发具有特定可度量属性的对象。确立量度非常重要，因为它是现实世界中观察到的事物之间的联系，代表了与系统有关的经验事实，以及作为评价点的准确性、正确性、效率和完整性结构。

1）准确性、正确性、效率和完整性量表

正如在第 7~11 章的量表开发过程中所讨论的，度量量表的选择是一个重要的因素。由于准确性、正确性、效率和完整性等非功能需求没有自然原点或经验定义的距离，因此序数量表是衡量上述标准的一种合适量表。同样，为了确保提高可靠性，采用五点 Likert 量表（Lissitz et al.，1975）。

2）建议量表

量表是一种建议的比例尺。建议量表是由一些研究者提出的、具有必要属性的量表，如果确实证明具有此类属性，则可以视为量表（Cliff，1993，p. 65）。本章中，量表是指建议量表。

3）准确性、正确性、效率和完整性的建议量表

确定构成、量度属性以及适当的量表类型后，就可以构造准确性、正确性、效率和完整性的量度。为了评价上述要素，必须回答两个基本问题，即在系统设计期间为了实现有效和有意义的准确性、正确性、效率和完整性水平，是否存在相关工作以及工作质量如何。四个准则，即度量结构都有具体问题，如表 12.10 所示，可用于评价对其他生存能力因素的贡献。

表 12.10 中每个问题的答案应使用表 12.11 的 Likert 测量值进行评分。

表 12.10 其他可行性问题的测量问题

测量构造	度量考虑因素
$V_{accuracy}$	系统是否包含一个由准确性、精度和真实度表示的性能特性
$V_{correctness}$	系统是否包括正式的验证和确认活动，通过与系统的规定要求比较，确保系统能够正确设计和运行
$V_{efficiency}$	是否通过计算产生结果所需实际资源与基准标准的比率来评价系统效率
$V_{integrity}$	系统是否通过度量其确保程序正确性、不受干扰和信息保证的能力来评价完整性

表 12.11 其他生存力问题的 Likert 量表

指标	描述符	度量准则
0.0	无	没有客观质量证据
0.5	有限的	存在有限的客观质量证据
1.0	名义的	存在名义的客观质量证据
1.5	广泛的	存在广泛的客观质量证据
2.0	大量的	存在大量的客观质量证据

式（12.4）的四项构成之和，可作为对系统设计中其他生存力因素的度量指标。

其他生存力问题的扩展公式：

$$V_{other} = V_{accuracy} + V_{correctness} + V_{efficiency} + V_{integrity} \tag{12.4}$$

12.6.2 度量准确性、正确性、效率和完整性

在前述各章中，强调了衡量非功能属性的重要性，这里构建了将核心生存力与四个特定度量及可测量特性联系起来的结构，表 12.12 所示为度量其他生存力问题的四层结构。

表 12.12 度量其他可行性的四级结构

层级	作用
关注问题	系统生存力
属性	其他生存力考虑因素
指标	准确性、正确性、效率和完整性
可度量特性	$V_{accuracy}$、$V_{correctness}$、$V_{efficiency}$、$V_{integrity}$之和

12.7 本章小结

本章讨论了非核心或其他的生存力考虑因素，具体包括准确性、正确性、效率及完整性四项非功能需求。针对这些需求，本章都提供了一个正式的定义以及补充的解释性定义，也阐述了在设计过程中有目的地考虑这四项非功能需求的能力，最后提出了一种形式化的度量方法和度量特性，并通过度量准确性、正确性、效率和完整性来评价设计。

下一章将讨论在复杂系统设计过程中，如何将完整的非功能需求作为有目的的设计的一部分。

参考文献

Ackoff, R. L. (1999). *Ackoff's best: His classic writings on management*. New York: Wiley.

Adams, K. M. (2011). Systems principles: foundation for the SoSE methodology. *International Journal of System of Systems Engineering, 2*(2/3), 120–155.

Adams, K. M., Hester, P. T., Bradley, J. M., Meyers, T. J., & Keating, C. B. (2014). Systems theory: The foundation for understanding systems. *Systems Engineering, 17*(1), 112–123.

ANSI/EIA. (1998). *ANSI/EIA standard 632: Processes for engineering a system*. Arlington, VA: Electronic Industries Alliance.

Biba, M. J. (1975). *Integrity considerations for secure computer systems (MTR 3153)*. Bedford, MA: MITRE.

Blundell, J. K., Hines, M. L., & Stach, J. (1997). The measurement of software design quality. *Annals of Software Engineering, 4*(1), 235–255.

Boehm, B. W., Brown, J. R., & Lipow, M. (1976). Quantitative evaluation of software quality. In R. T. Yeh & C. V. Ramamoorthy (Eds.), *Proceedings of the 2nd international conference on software engineering* (pp. 592–605). Los Alamitos, CA: IEEE Computer Society Press.

Boulding, K. E. (1966). *The impact of social sciences*. New Brunswick, NJ: Rutgers University Press.

Bowen, J. P., & Hinchey, M. G. (1998). *High-integrity system specification and design*. London: Springer.

Bowen, T. P., Wigle, G. B., & Tsai, J. T. (1985). *Specification of software quality attributes: Software quality evaluation guidebook (RADC-TR-85-37)* (Vol. III). Griffiss Air Force Base, NY: Rome Air Development Center.

Bresciani-Turroni, C. (1937). On Pareto's law. *Journal of the Royal Statistical Society, 100*(3), 421–432.

Cavano, J. P., & McCall, J. A. (1978). A framework for the measurement of software quality. *SIGSOFT Software Engineering Notes, 3*(5), 133–139.

Cherns, A. (1976). The principles of sociotechnical design. *Human Relations, 29*(8), 783–792.

Cherns, A. (1987). The principles of sociotechnical design revisited. *Human Relations, 40*(3), 153–161.

Churchman, C. W., & Ratoosh, P. (Eds.). (1959). *Measurement: Definitions and theories*. New York: Wiley.

Cliff, N. (1993). What is and isn't measurement. In G. Keren & C. Lewis (Eds.), *A Handbook for Data Analysis in the Behavioral Sciences: Methodological Issues* (pp. 59–93). Hillsdale, NJ: Lawrence Erlbaum Associates.

Colbert, B. A. (2004). The complex resource-based view: Implications for theory and practice in strategic human resource management. *Academy of Management Review, 29*(3), 341–358.

Courtney, R. H., & Ware, W. H. (1994). What do we mean by integrity? *Computers & Security, 13*(3), 206–208.

Creedy, J. (1977). Pareto and the distribution of income. *Review of Income and Wealth, 23*(4), 405–411.

De Bièvre, P. (2006). Accuracy versus uncertainty. *Accreditation and Quality Assurance, 10*(12), 645–646.

Del Mar, D. (1985). *Operations and industrial management*. New York: McGraw-Hill.

Dodge, Y. (2008). *The concise Encyclopedia of statistics*. New York: Springer.

Drucker, P. F. (2001). *The essential Drucker: The best of 60 years of Peter Drucker's essential writings on management*. New York: Harper Collins Publishers.

EIA. (1999). *Electronic Industries Association (EIA) Interim Standard (IS) 731: The systems engineering capability model*. Arlington, VA: Electronic Industries Association.

Flowerday, S., & von Solms, R. (2005). Real-time information integrity = system integrity + data integrity + continuous assurances. *Computers & Security, 24*(8), 604–613.

Foley, S. N. (2003). A nonfunctional approach to system integrity. *IEEE Journal on Selected Areas in Communications, 21*(1), 36–43.

Georg, G., France, R., & Ray, I. (2003). Designing high integrity systems using aspects. In M. Gertz (Ed.), *Integrity and internal control in information systems V* (Vol. 124, pp. 37–57). New York: Springer.

Hahn, G. J., Hill, W. J., Hoerl, R. W., & Zinkgraf, S. A. (1999). The impact of six sigma improvement—a glimpse into the future of statistics. *The American Statistician, 53*(3), 208–215.

IEEE. (2005). *IEEE Standard 1220: Systems engineering—application and management of the systems engineering process*. New York: Institute of Electrical and Electronics Engineers.

IEEE. (2012). *IEEE Standard 1012: IEEE standard for system and software verification and validation*. New York: The Institute of Electrical and Electronics Engineers.

IEEE, & ISO/IEC. (2008). IEEE and ISO/IEC Standard 12207: Systems and software engineering—software life cycle processes. New York and Geneva: Institute of Electrical and Electronics Engineers and the International Organization for Standardization and the International Electrotechnical Commission.

IEEE, & ISO/IEC. (2010). IEEE and ISO/IEC Standard 24765: Systems and software engineering—vocabulary. New York and Geneva: Institute of Electrical and Electronics Engineers and the International Organization for Standardization and the International Electrotechnical Commission.

ISO/IEC. (2000). ISO/IEC Standard 17799: Information technology—security techniques—code of practice for information security management. Geneva: International Organization for Standardization and the International Electrotechnical Commission.

Jacob, J. (1991). The basic integrity theorem. In *Proceedings of the Computer Security Foundations Workshop IV* (pp. 89–97). Los Alamitos, CA: IEEE Computer Society Press.

JCGM. (2012). JCGM Standard 200: International vocabulary of metrology—basic and general concepts and associated terms (VIM) Sèvres, France: Joint Committee for Guides in Metrology, International Bureau of Weights and Measures (BIPM).

Li, P., Mao, Y., & Zdancewic, S. (2003). Information integrity policies. In *Proceedings of the 1st International Workshop on Formal Aspects in Security and Trust (FAST'03)* (pp. 39–51). Pisa, Italy.

Lissitz, R. W., & Green, S. B. (1975). Effect of the number of scale points on reliability: A Monte Carlo approach. *Journal of Applied Psychology, 60*(1), 10–13.

Madni, A. M. (2012). Elegant systems design: Creative fusion of simplicity and power. *Systems Engineering, 15*(3), 347–354.

McCall, J. A., & Matsumoto, M. T. (1980). *Software quality measurement manual (RADC-TR-80-109-Vol-2)*. Griffiss Air Force Base, NY: Rome Air Development Center.

Menditto, A., Patriarca, M., & Magnusson, B. (2007). Understanding the meaning of accuracy, trueness and precision. *Accreditation and Quality Assurance, 12*(1), 45–47.

Miller, G. A. (1956). The magical number seven, plus or minus two: Some limits on our capability for processing information. *Psychological Review, 63*(2), 81–97.

Minnich, I. (2002). EIA IS 731 compared to CMMISM-SE/SW. *Systems Engineering, 5*(1), 62–72.

Murphy, R. B. (1969). On the meaning of precision and accuracy. In H. H. Ku (Ed.), *Precision measurement and calibration: Selected NBS papers on statistical concepts and procedures (NBS special publication 300)* (pp. 357–360). Washington, DC: Government Printing Office.

Rabinovich, S. G. (2013). *Evaluating measurement accuracy*. New York: Springer.

Sabelfeld, A., & Myers, A. C. (2003). Language-based information-flow security. *IEEE Journal on Selected Areas in Communications, 21*(1), 5–19.

Sanders, R. E. (1987). The Pareto principle: Its use and abuse. *The Journal of Services Marketing, 1*(2), 37–40.

Sandhu, R. S., & Jajodia, S. (1993). Data and database security and controls. In H. F. Tipton & Z. G. Ruthbert (Eds.), *Handbook of information security management* (pp. 481–499). Boston: Auerbach.

Sandhu, R. S., & Jajodia, S. (1994). Integrity mechanisms in database management systems. In M. D. Abrams, S. Jajodia, & H. J. Podell (Eds.), *Information security: An integrated collection of essays* (pp. 617–635). Los Alamitos, CA: IEEE Computer Society Press.

Simon, H. A. (1974). How big is a chunk? *Science, 183*(4124), 482–488.

Sproles, N. (2001). The difficult problem of establishing measures of effectiveness for command and control: A systems engineering perspective. *Systems Engineering, 4*(2), 145–155.

Stoneburner, G., Hayden, C., & Feringa, A. (2004). *Engineering principles for information technology security (A baseline for achieving security), [NIST special publication 800-27 Rev A]*. Gaithersburg, MD: National Institute of Standards and Technology.

Szilagyi, A. D. (1984). *Management and performance* (2nd ed.). Glenview, IL: Scotts, Foresman and Company.

Thuesen, G. J., & Fabrycky, W. J. (1989). *Engineering economy*. Englewood Cliffs, NJ: Prentice-Hall.

Warfield, J. N. (1999). Twenty laws of complexity: Science applicable in organizations. *Systems Research and Behavioral Science, 16*(1), 3–40.

Wells, C., Ibrahim, L., & LaBruyere, L. (2003). A new approach to generic attributes. *Systems Engineering, 6*(4), 301–308.

第六部分　结　　论

第13章　总　　结

系统和部件的设计，是影响世界经济生产中产品成本和效率的关键因素。设计是工程的一个特性功能。第二次世界大战后，工程教育结构发生了重大变化。在美国全国范围内，各个层次的教育都向以科学为基础的课程进行转型，导致设计类课程在工程教育中被贬低甚至被忽略。美国需要在本科和研究生工程教学计划中大力振兴设计，并重新强调设计在工程课程中的作用。本书提出了一个独特的主题，即在工程设计中如何进行非功能需求的系统分析和设计工作，从而填补现有工程文献中的空白。

13.1　工程设计的地位和重要性

美国制造的产品在世界市场上面临的竞争和困难是由多种原因造成的。麻省理工学院工业生产力委员会（MIT Commission on Industrial Productivity）指出美国工业不断出现的弱点持续威胁着美国人民的生活水平及美国在世界经济中的地位（Dertouzos et al.，1989）。为了重新获得世界制造业的领导地位，需要采取更具战略性的方法，同时改进工程设计的实践（Dixon et al.，1990，p. 9）。

美国公司的市场损失是由设计缺陷而不是由制造缺陷造成的（Dixon et al.，1990，p. 13）。工程设计及其相关活动的重要性，尤其是与营销和销售等更有魅力的活动相比，直接影响到美国为世界市场生产产品的成本和长期效益。

工程设计是工业产品实现过程的重要组成部分。据估计，70%以上的产品寿命周期成本是在设计过程中确定的（NRC，1991，p. 1）。

通用汽车公司高管称，卡车变速箱制造成本的70%是在设计阶段确定的

(Whitney, 1988, p. 83)。

劳斯莱斯公司的一项研究表明，设计活动占整车 2000 个部件最终生产成本的 80%（设计方案占 50%，详细设计占 30%）(Corbett et al., 1986)。

显然，设计活动和负责实施此类活动的工程师是全球经济的重要组成部分。设计是工程领域的一项特性功能。虽然并非所有工程师都直接参与设计，但对 1982 年工程师主要活动的研究报告显示，28%的工程师在从事与开发和设计相关的活动，详见表 13.1（NRC, 1985, p. 91, Table 3）。

表 13.1　1982 年工程师的主要活动

活　　动	百　分　比
研究	4.7
开发，包括设计	27.9
研发管理	8.7
其他管理	19.3
教学	2.1
生产/检验	16.6
未报告的	20.7

13.2　工程设计中的教育

诺贝尔奖获得者 Herbert A. Simon 讲述了自第二次世界大战后，各大学和学院如何调整课程设置的情况，能反映大学向自然科学转型并远离人工科学的变化趋势。Simon（1996 年）用“人工科学”一词来指代与如何教授人工事物相关的任务：如何制造具有所需特性的工件以及如何进行设计（p. 111）。作为转向基于科学的基础的结果，在多个方面产生了有害影响。

首先，现在人们普遍认为，美国工业在产品设计、制造创新、工艺工程、生产率和市场份额方面长期占据世界主导地位的局面已经结束（NRC, 1986, p. 5）。

其次，这些变化包括学科重组，以突出工程科学作为一个连贯的知识体系，引入新的学科，创建一个广泛的研究和研究生课程体系，以及将计算机纳入部分课程。这种变化还在发生，工程设计教育的状况却在不断恶化，其结果是，今天的工程研究生没有足够的能力在部件、过程和系统的设计中运用科学、数学和分析等方面的知识（NRC, 1991, p. 35）。

再次，工程学校正在逐渐变成物理和数学学校（Simon，1996，p. 111）。

最后，科学革命的一个不可避免的副产品是，由于工程设计学科没有一个正式的、定量的、可教授的核心知识体系，它在很大程度上正在从工程课程中淘汰。相反，寄希望于工程师在工作中学习设计。事实上，工程设计的形式化/规范化开发仍然是教授工程所面临的一个挑战（Tadmor，2006，p. 34）。

其结果是大多数工程课程的教学水平和设计的实际应用能力都是不够的。在本科和研究生两个层次上，都是如此。在工程本科阶段，设计教育的薄弱环节包括：工程课程中对设计内容的要求不高，许多院校甚至不满足现有的认证标准；设计课程中，缺乏真正的跨学科团队；支离破碎的、学科特定的、不协调的教学模式（NRC，1991，p. 2）。在研究生阶段，专注于现代设计方法和研究的优秀研究生课程太少，无法培养出工业界和学术界都需要的合格研究生（NRC，1991，p. 3）。此外，本科课程中存在的不足会对研究生的设计教学能力造成直接影响。因为本科阶段教授的设计课程不足，不利于学生参加研究生设计课程，迫使研究生不得不对此进行补习。最后，财政原因正在迫使工科研究生课程招收非工科学位的学生。非工科学生和准备不足的本科工程师一样，都没有接受过正规的设计培训，这给设计专业的研究生课程结构增加了额外的压力，不得不进行补习。

对此，国家科学研究委员会（NRC）下设的工程设计理论和方法委员会建议采取的措施如下：

（1）本科工程设计教育必须做到（NRC，1991，p. 36）：

① 充分展现基础工程科学背景是如何与有效设计相关的；

② 教授学生设计过程要承担什么，让他们熟悉设计过程的基本工具；

③ 设计不仅涉及功能，还涉及生产性、成本、客户偏好及各种寿命周期问题；

④ 传达其他学科的重要性，如数学、经济学和制造等。

（2）研究生设计教育应面向以下方面（NRC，1991，p. 37）：

① 发展先进设计理论和方法方面的能力；

② 使研究生熟悉最新设计理念，包括学术研究和世界范围内的工业经验与研究；

③ 为学生提供设计工作体验；

④ 让学生沉浸在设计考虑的整个范围内，最好是在工业实习期间；

⑤ 让学生从事工程设计的研究。

最后，需要注意的一点是，负责美国所有工程专业的认证机构——工程和技术认证委员会（ABET），在《学士学位课程通用要求》中要求所有本科工程课程必须满足设计相关的三项标准（ABET，2013），包括：

标准 3——学生：（c）在经济、环境、社会、政治、道德、健康和安全、可制造性及可持续性等现实约束条件下，能设计系统、部件或过程并满足预期需求的能力；（d）能在多学科团队中发挥作用的能力。

标准 5——课程：（b）一年半的工程课程，包括适合学生学习领域的工程科学和工程设计。工程科学植根于数学和基础科学，但应将知识进一步推向创造性应用，这些研究在数学和基础科学与工程实践之间架起了一座桥梁；工程设计是设计一个系统、部件或工艺以满足期望需求的过程，这是一个决策过程，且通常是迭代过程，将应用基础科学、数学和工程科学来优化资源转换，以满足规定的需求。注：1 学年不超过 32 学期小时（或等价学时）或毕业学位总学分的四分之一。

标准 5——课程：学生必须通过一门课程为工程实践做好准备，该课程应以在早期课程工作中获得的知识和技能为基础，并结合适当的工程标准和多种现实约束条件，最终形成主要的设计经验。

工程和技术认证委员会（ABET）的期望是，设计主题的教授要贯穿整个本科课程。具体的设计相关任务要在相应的工程主题中解决，如果要合并，这些课程要包含完成主要设计经验所必需的所有设计信息，如顶点课程或高级设计项目。而且，主要设计体验要聚焦于一个设计，而不是介绍与设计过程有关的新主题或新材料。尽管工程和技术认证委员会有此要求和期望，但是顶点设计课程或高级设计项目往往没有将重点聚焦于最终的工程经验。

通常更多的情况是，尽管前期课程未能为高级设计课程打下良好基础，但仍然对高级设计课程提出诸多期望。例如，如果高级设计课程只让学生接触到集成设计活动，如并行设计、备选方案和约束条件的详细考虑、重要经济分析，而且只作为团队的成员，这种体验将是非常肤浅的（NRC，1991，p. 40）。

13.3　本书在工程设计中的地位

本书定位是作为那些聚焦设计要素的工程设计课程的指南，这些设计要素在支持利益相关方的过程中并不提供直接功能。书中所述的非功能需求是指能够影响整个系统性能的设计要素，并不属于系统利益相关方规定的任何特定功能或过程。事实上，系统利益相关方可能都没有认识到生存性、鲁棒性和自描述性等术语。但为了有效处理保障、设计、适应和生存等问题，作为设计工程师的工作，要确保系统适当范围的非功能需求得到阐述和加以应用。

因此，本书只满足上一节所确立工程设计目标的一个子集。具体包括：

(1) 本科工程设计教育活动：

① 教授学生设计过程需要什么，让他们熟悉设计过程的基本工具；

② 设计不仅涉及功能，还涉及生产性、成本、客户偏好和各种寿命周期问题。

(2) 研究生设计教育活动：

① 发展先进设计理论和方法方面的能力；

② 使研究生熟悉最先进设计理念，其中包括学术研究和世界范围内的工业经验和研究。

(3) 工程和技术认证委员会（ABET）认证标准：

标准3——学生：(c) 在经济、环境、社会、政治、道德、健康和安全、可制造性和可持续性等现实约束条件下，能设计系统、部件或过程并满足预期需求的能力；(d) 在多学科团队中发挥作用的能力。

标准5——课程：(b) 工程设计是设计系统、部件或过程并满足期望需求的过程，是一个决策过程，而且通常是迭代式的。该过程应用基础科学、数学和工程科学优化资源转换，以满足规定需求。

13.4 本章小结

工程本科和研究生教育是所有工科毕业生从事专业活动的基础。学术界，尤其是利用自身培训和教育来领导设计教学课程的人，必须提供明确的学术材料，从而能够为此类教学课程提供直接支持。本书是针对工程设计中的一个独特主题编写的。迄今为止，非功能需求仅在高度集中的工程子学科（即可靠性、维修性、可用性、追溯性、测试性、可生存性等）内得到了一定程度重视。更大范围的工程界还没有这样的材料，即能对通常影响整个系统的非功能需求形成整体性、系统性视角的材料。通常，工程师加入跨部门的团队，涉及这个或那个非功能需求（如可怕的 ility）的专家加入团队，并评估系统满足特定非功能需求的能力。当专家们列出不足清单之后，部件级和子系统级的工程师们抓破了头，面临着更改设计以确保符合这个或那个非功能需求的难题。对主要非功能需求如何从根本上影响系统的保障、设计、适应和生存力有基本理解，将有助于弥补现有工程文献的空白。

参考文献

ABET. (2013). *Criteria for accrediting engineering programs: Effective for reviews during the 2014–2015 accreditation cycle (E001 of 24 Feb 2014)*. Baltimore, MD: Accreditation Board for Engineering and Technology.

Corbett, J., & Crookall, J. R. (1986). Design for economic manufacture. *CIRP Annals—Manufacturing Technology, 35*(1), 93–97.

Dertouzos, M. L., Solow, R. M., & Lester, R. K. (1989). *Made in America: Regaining the productive edge*. Cambridge, MA: MIT Press.

Dixon, J. R., & Duffey, M. R. (1990). The neglect of engineering design. *California Management Review, 32*(2), 9–23.

NRC. (1985). *Engineering education and practice in the United States: Foundations of our techno-economic future*. Washington, DC: National Academies Press.

NRC. (1986). *Toward a new era in U.S. manufacturing: The need for a national vision* Washington, DC: National Academies Press.

NRC. (1991). *Improving engineering design: Designing for competitive advantage*. Washington, DC: National Academy Press.

Simon, H. A. (1996). *The sciences of the artificial* (3rd ed.). Cambridge, MA: MIT Press.

Tadmor, Z. (2006). Redefining engineering disciplines for the twenty-first century. *The Bridge, 36* (2), 33–37.

Whitney, D. E. (1988). Manufacturing by design. *Harvard Business Review, 66*(4), 83–91.